圆形喷灌机水肥一体化对土壤及作物产量影响研究

曹　华　黄修桥　范永申　李　鹏　著

黄　河　水　利　出　版　社
·郑　州·

内 容 提 要

本书针对东北地区使用较多的圆形喷灌机,开展了玉米、大豆水肥一体化试验研究。首先分析了大豆冠层截留对喷灌水量分布的影响,并利用 Hoyningen-Braden 模型对大豆冠层截留量进行模拟分析;采用微喷系统施肥(MSS)、圆形喷灌机施肥(CPSM)、边施肥边淋洗(MSS-CPSM)3 种施肥模式,对玉米与大豆不同生育期的冠层截肥量进行了分析;研究了不同灌溉量、施肥量、施肥方式、不同耕作方式(连作与轮作)对玉米、大豆生长性状与产量的影响,为解决东北地区玉米、大豆灌水与施肥效率低下,面源污染严重的问题,提供了一种可行方案。

本书可供灌溉企业、肥料企业、农业技术推广部门的管理人员及种植户阅读,也可供高等农业院校相关专业师生与农业、水利科技人员参考。

图书在版编目(CIP)数据

圆形喷灌机水肥一体化对土壤及作物产量影响研究/曹华等著. —郑州:黄河水利出版社,2022.8
ISBN 978-7-5509-3356-9

Ⅰ.①圆… Ⅱ.①曹… Ⅲ.①喷灌机-肥水管理-影响-土壤环境-研究②喷灌机-肥水管理-影响-作物-产量-研究 Ⅳ.①X21②S31

中国版本图书馆 CIP 数据核字(2022)第 149508 号

组稿编辑:王路平　电话:0371-66022212　E-mail:hhslwlp@ 126. com
　　　　　田丽萍　　　　　66025553　　　　912810592@ qq. com

出　版　社:黄河水利出版社　　　　　　　网址:www. yrcp. com
　　　　　　地址:河南省郑州市顺河路黄委会综合楼 14 层　邮政编码:450003
发行单位:黄河水利出版社
　　　　　发行部电话:0371-66026940、66020550、66028024、66022620(传真)
　　　　　E-mail:hhslcbs@ 126. com
承印单位:广东虎彩云印刷有限公司
开本:890 mm×1 240 mm　1/32
印张:5
字数:150 千字
版次:2022 年 8 月第 1 版　　　　　　印次:2022 年 8 月第 1 次印刷
定价:45. 00 元

前　言

　　随着我国经济的迅速发展,劳动力成本的上升,离散的个体农户经营已经不能满足我国现代化农业发展的需要,利用机械化大生产提高劳动生产效率,适应土地集约化的需要,是我国提高耕作效率的必由之路。没有机械化的农业,不能称为现代化的农业,农业的机械化解放了劳动生产力,推动了工业和第三产业的发展。大力推进主要农作物生产全程机械化是现阶段农业现代化的重要课题。世界上近80%的农业是依靠雨水进行灌溉的,为农业生产提供可靠的水资源是保障粮食安全的基本条件,据统计,灌溉对我国粮食增产的贡献率大概为56.74%。预计到2025年,世界上近2/3的人口将面临水资源短缺的问题,而农业用水安全更是迎来前所未有的挑战。

　　在农业全程全面机械化的进程中,没有灌溉工程与灌溉技术的现代化,就谈不上农业的现代化。目前国内机械化主要集中在“耕种收”上,而在农作物整个生育期内,灌溉作业可能要工作几次到数十次,灌溉是农作物生产的重要环节。而中心支轴式喷灌机,具有机械化水平高,灌溉、施肥劳动力投入少,对地块坡度的适应能力强,控制面积大,单位面积小等诸多优点,并且结构简单,是喷灌机中的“傻瓜机”。我国东北地区农业用水利用率低,生产中存在过量施肥、盲目施药、喷灌系统功能单一的问题,严重影响着作物对水、肥、药的利用率,制约着当地农业现代化的发展。因此,如何在当前有限的水资源条件下提高农业用水效率,实现水、肥、药的高效利用,弱化潜在的农田生态环境污染的威胁,降低农产品安全和农药残留隐患,实现生态系统良性循环和保障粮食安全,是该区域最紧迫的技术需求。

　　本书旨在开展不同水肥一体化施肥模式的研究,一方面,采取田间试验来研究圆形喷灌机的施肥均匀性、水肥一体化的冠层截肥量;另一方面,需要改进喷灌机水肥一体化装置,改善传统的喷灌水肥一体化施肥低效的不足,通过安装专门微喷喷肥系统,实现微喷施肥,研究圆形喷灌机灌水淋洗的施肥方式,以解决大面积施肥时由于浓度过高而对植物造成的伤害。通过水、肥、药一体化作业,提高喷灌机的综合利用率,实现"一机多用""一喷多防"的目的。针对东北地区的玉米与大豆这两种广泛种植的典型作物,采用不同的施肥方式与施肥量、灌溉量进行试验。全书共分 7 章,主要内容包括:针对圆形喷灌机喷灌条件下大豆植株对水量再分配过程影响,包括大豆冠层截留后的水量分布、喷灌均匀系数、冠层截留量,并用 Hoyningen-Braden 模型对冠层截留量进行模拟。不同水肥一体化施肥模式条件下,不同作物、不同生育期的冠层截肥量的研究。研究圆形喷灌机水肥一体化条件下,不同施肥方式、灌溉量与施肥量对东北地区连作玉米、大豆生长性状与产量的影响;不同施肥方式、不同施肥量对东北地区轮作玉米–大豆生长性状与产量的影响,确定合理的施肥方式,指导当地生产。研究圆形喷灌机不同水肥一体化施肥条件下对土壤水肥时空变化规律的影响。阐明了喷灌冠层水分的再分配过程,提出了大豆冠层截留量预测方法。分析了 3 种水肥一体化模式下不同生育期的冠层截肥量,得出了可降低冠层截肥量、降低作物被灼伤风险的优化模式。探索了不同水肥一体化模式对田间水肥变异、作物生长的影响机制,为东北地区主要旱作物生长的水肥供给提供了技术支撑。

　　本书由曹华、黄修桥、范永申、李鹏负责撰写和校稿工作,在课题研究及书稿撰写中,得到了马春芽、曹引波等及一些同行的大力支持。另外,本书在撰写过程中还引用了大量的参考文献。在此,谨向为本书的完成提供支持和帮助的单位、所有研究人员和参考文献的作者表示衷心的感谢!

　　由于作者水平有限,书中存在的不妥之处,敬请读者朋友批评指正。

作　者

2022 年 6 月

目　录

第1章 绪 论

1.1 选题背景和意义

随着我国土地流转制度的实施,我国土地向集约化、规模化发展,2016 年我国土地流转面积占比达到 35.1%。东北地区地广人稀,土地集约化程度较高,且东北黑土为世界三大黑土区之一,具有良好的自然耕作条件。东北三省是我国粮食生产的核心区域,是我国重要的商品粮基地,因此保障东北三省的粮食产量对我国的粮食生产安全具有重要的意义。随着我国经济的迅速发展,劳动力成本的上升,离散的个体农户经营已经不能满足我国现代化农业发展的需要,利用机械化大生产提高劳动生产效率,适应土地集约化的需要,是我国东北地区提高耕作效率的必由之路。没有机械化的农业,不能称为现代化的农业,农业的机械化解放了劳动生产力,推动了工业和第三产业的发展,习近平总书记指出:大力推进农业机械化、智能化,给农业现代化插上科技的"翅膀"。大力推进主要农作物生产全程机械化是现阶段农业现代化的重要课题。再过 10~15 年,我国将成为农业机器人技术的引领者,从农业的播种到收获,农业机器人都会得到广泛的应用。农业高产是一个综合性的问题,与作物品种、土壤、气候、灌溉、施肥、病虫害防治等多种因素息息相关。世界上近 80% 的农业是依靠雨水进行灌溉的,为农业生产提供可靠的水资源是保障粮食安全的基本条件,据统计,灌溉对我国粮食增产的贡献率大概为 56.74%。预计到 2025 年,世界上近 2/3 的人口将面临水资源短缺的问题,而农业用水安全更是迎来前所未有的挑战。

在农业全程全面机械化的进程中,没有灌溉工程与灌溉技术的现代化,就谈不上农业的现代化。目前,国内机械化主要集中在"耕种收"上,而在农作物整个生育期内,灌溉作业可能要工作几次到数十次,灌溉是农作物生产的重要环节。而中心支轴式喷灌机,具有机械化水平高,灌溉、施肥劳动力投入少,对地块坡度的适应能力强,控制面积大,单位面积小等诸多优点,并且结构简单,是喷灌机中的"傻瓜机"。

20 世纪 80 年代以来,农田中 N_2O 和 NH_3 的排放量增加。不科学的施肥就像是不合理的生活方式一样,对植物的健康不利。我国东北地区农业用水利用率低,生产中存在过量施肥、盲目施药、喷灌系统功能单一的问题,严重影响着作物对水、肥、药的利用率,制约着当地农业现代化的发展。因此,如何在当前有限的水资源下提高农业用水效率,实现水、肥、药的高效利用,弱化潜在的农田生态环境污染的威胁,降低农产品安全和农药残留隐患,实现生态系统良性循环和保障粮食安全,是该区域最紧迫的技术需求。

1.2　国内外研究进展

1.2.1　圆形喷灌机在国内外的研究现状

圆形喷灌机也称中心支轴式喷灌机(center pivot sprinkling machine),绕轴旋转时形成圆形喷灌面而得名,是一种围绕可供水的中心支座一边旋转一边喷洒作业的灌溉机械,是迄今为止机械化、自动化程度最高的一种喷灌机,也是最大的农业机具之一,对作物、土壤、地形的适应性强。

圆形喷灌机最早在 20 世纪 20 年代就已经出现,当时人们为了降低劳动强度,从繁重的移动管道灌溉作业中解放出来,苏联人和美国人相继研制出滚移式喷灌机,又称滚轮式喷灌机。由于滚移式喷灌机属于半自动化喷灌设备,不能自动移动,而且对地形和水源的要求相对较高,不能灌溉高秆作物,因而在应用方面受到较大的限制。20 世纪 50 年代,美国人又发明了圆形喷灌机,即中心支轴式喷灌机,早期是以液压驱动或者水力驱动的,直至 1965 年,出现了以电力驱动的圆形喷灌机。由于圆形喷灌机具有自动化程度高、对地形的适应性强、单个机组的可控灌溉面积大、灌溉效果好、对水源的要求相对较低等多种优点，因此圆形喷灌机非常适合地广人稀地区的农业生产。美国在 1970~2000 年间，灌溉面积占耕地面积的比例保持稳定，范围在 11%~12%，而喷灌面积占灌溉面积的比例由 25% 增加至 49.9%，即 1 271.7 万 hm^2，30 年间圆形和平移式喷灌机由 19% 上升到 66.94%。而在 2000~2015 年，灌溉面积占耕地面积的比例持续稳定在 11%~12%，喷灌面积占灌溉面积的比例增加至 70.1%，即 1 786.5 万 hm^2。关于圆形喷灌机的水力性能及农田应用方面，国外许多学者也做了许多研究，有的学者在美国佛罗里达州做了关于圆形喷灌机喷灌均匀度的试验，结果表明圆形喷灌机的喷灌均匀度主要受喷头类型的影响，与风速、机器的转速与系统的移动速度影响较小。有的学者将圆形喷灌机应用于喷灌水稻方面。有的学者建立了圆形喷灌机仿真模型 DEPIVOT，并利用农民田间收集的数据对运行中的系统进行评价。

我国的圆形喷灌机最早出现在 1976 年，我国先后从美国、德国、澳大利亚、南斯拉夫等国家引进了水动和电动圆形喷灌机 34 台，并组织全国有关科研单位和大专院校进行了研究。1977 年，中国农业机械化科学研究院金宏智对世界上生产圆形喷灌机最大的厂商之一——美国的"凡尔蒙"公司生产的几种圆形喷灌机主要技术性能指标进行了介绍，包括其使用、制造、设计等方面。1979 年，由通辽农机厂、中国农机院、吉林农机所、哲盟农机所共同研制的 SYP-400 型水动圆形喷灌机通过了新产品鉴定。1977 年，我国将圆形喷灌机列为研究课题，在 1981 年、1987 年、1991 年、2000 年又进行了 4 次专项攻关研究，使我国对这种机组的研发和生产能力基本达到了世界同期水平。

2014 年，中国水利水电科学研究院建成了国内第一套具有自主知识产权的圆形喷灌机变量灌溉控制系统。同年中国农业大学进行了圆形喷灌机注肥泵的设计与试验研究。2015 年黑龙江省水利科学研究院形成玉米中心支轴式喷灌综合节水技术集成模式。而圆形喷灌机在我国的使用范围也由之前的国有农场，向民营开发商自主转变，灌溉作物也由单一的大田作物开始向中草药、牧草、瓜果蔬菜等多样化转变。目前，国内对圆形喷灌机方面的研究也相应增加，例如，钱一超等

(2010)进行了影响电动圆形喷灌机灌水均匀度的因素分析。严海军等(2015)设计了泵注式施肥装置并进行了喷灌施肥均匀性试验。王云玲等(2016)研究了圆形喷灌条件下灌水量对建植初期紫花苜蓿产量与品质的影响。马静等(2016)研究了尾枪开闭对圆形喷灌机变量喷灌施肥均匀性的影响与改进。薛彬等(2016)做了圆形喷灌机条件下不同灌水施肥量对冬小麦产量、耗水量、茎数等指标影响的大田试验。李茂娜等(2016)做了圆形喷灌机条件下水肥耦合对紫花苜蓿产量影响的大田试验。周丽丽等(2018)针对圆形喷灌机的喷灌定额和灌水频次对冬小麦产量及品质的影响进行了分析。蔡东玉等(2018)针对圆形喷灌机不同喷灌施氮频率下对冬小麦产量和氮素利用进行了研究。张萌等(2018)研究了圆形喷灌机施肥灌溉均匀性及蒸发漂移损失。赵伟霞等(2020)利用圆形喷灌机水肥一体化施肥模式研究了尿素浓度对夏玉米生长和产量的影响。孙宇等(2020)研究了圆形喷灌机条件下变量灌溉对苏丹草产量与品质的影响。周志宇等(2020)对圆形 PWM 变量喷灌机喷灌特性进行了仿真研究。

1.2.2 喷灌冠层截留在国内外的研究现状

喷灌是以类似于降雨的方式进入土壤,喷灌水经过加压后进入空气,又经过作物的冠层截留、茎秆截留、蒸发漂移,最终进入土壤,到达作物根系,喷灌水滴的这一系列运行轨迹与降雨最为类似,也是最接近降雨的灌溉方式,植物的冠层对喷灌水或者降水的作用显著地改变了冠层以上与冠层以下的水量分布。目前,关于作物茎秆截留、冠层截留对降雨再分配影响的研究有很多,不少研究表明冠层截留造成的降雨损失和随后的大气蒸发是生态系统水分损失的一部分。很多学者针对不同的植物均有研究,吕刚等(2019)利用人工降雨对不同年龄荆条的冠层截留进行模拟研究,分析荆条年龄对截留变化的影响;徐宁等(2020)对大豆这种农作物,利用喷式降雨模拟器测定大豆整个生育期的茎秆流量、穿透雨量、冠层截留量,认为叶面积指数对降雨的再分配有显著影响;尹晓爱等(2020)利用人工模拟降雨机主要模拟玉米茎秆流对土壤侵蚀的影响;余长洪等(2015)研究了甘蔗冠层对降雨再分配的影响;刘艳丽等(2015)采用浸泡法与人工降雨法对大豆、玉米、紫花苜蓿等不同作物的最大冠层截留量进行试验分析。也有部分学者针对喷灌对植物截留后的影响进行了研究,李王成等(2003)以春玉米为研究对象,从水量分布和冠层结构两方面分析,初步探讨了在不同生育期玉米冠层上部与下部水量的分布情况;LI 等(2000)研究了喷灌对冬小麦冠层截留后的水量分布的影响;KANG 等(2005)对冬小麦的冠层截留进行了田间试验研究;WANG(2006)设计了一种用于测量喷灌条件下冬小麦冠层截留水量的方法;王迪等(2006)对玉米冠层对喷灌水量再分配影响进行了田间试验研究;MAUCH 等(2008)介绍了一种采用高分子吸收材料的方法来测量喷灌后冬小麦的冠层截留量。JIAO 等(2016)认为喷灌强度与叶面积指数是影响冠层最大截留量的主要因素。

总之,喷灌水或者降雨经过植被冠层后被分为 4 部分:穿透雨量(throughfall)、茎秆流量(stemflow)、冠层截留量(canopy interception)、冠层蒸散发量(water evaporation of wet canopy)。一般认为蒸散发量在降雨过程所占的比例较小,为了计算简便,可以忽略。冠层截留损失可导致田间总输水量的显著减少,因此需要降低作物的冠层截留损失,以提高灌溉效率。

由于喷灌水或者降雨具有拦截或者再分配作用,目前多数学者根据水量平衡的方法来对喷灌水或者降雨再分配过程进行计算,即已知穿透雨量、茎秆流量、冠层截留量中的任意两个量,可以求得第三个量。其中,冠层截留作为喷灌水量的损失,其多少涉及喷灌是否节水。

目前,关于喷灌或者降雨,模拟降雨经过植物拦截再分配的研究方法有很多,试验方法主要包括简易吸水法、擦拭法和水量平衡法。

喷灌均匀度是决定作物产量高低的一个重要指标,喷灌均匀度低,导致灌水不均匀,产生漏喷或者深层渗漏,造成水资源不能充分利用。目前,研究喷灌条件下水量分布的有很多,喷灌均匀度的规范一般要求雨量筒避开作物冠层等障碍物对测量水量分布的影响,但是作物冠层会对喷灌的水量分布产生一定的影响,很多学者没有考虑喷灌时冠层的水分再分配过程。目前,喷灌条件下作物冠层截留对喷灌均匀度的变化不同学者有不同的观点,有的认为喷灌水经过冠层截留后,改善了水量分布,有利于产量的提高,有的认为喷灌截留后,水肥产生了深层渗漏,造成了水肥的浪费。目前对喷灌水经过作物冠层截留后的水量分布、喷灌均匀系数的研究相对较少。

1.2.3 水肥一体化在国内外的研究现状

化肥对提高作物产量与保障粮食安全具有重要作用,我国是化肥生产与消费的大国,已经连续30余年成为世界上消费化肥量最大的国家,近40年化肥投入的增加率远大于粮食产量的增加率,每年化肥的使用量占全球的1/3以上,肥料利用率低于国际标准的40%。过量盲目地施用化肥带来农产品品质下降等农产品安全问题,土壤板结与肥力下降、水体富营养化、大气污染等环境问题,化肥利用率低等资源浪费现象。

水肥一体化是集成灌溉与施肥,实现水肥耦合的一种技术。其通过施肥装置和灌水器,均匀、定时、定量地将化肥混合液输送给作物的根系或者作物的叶表面,实现水肥一体化的利用与管理。水肥一体化技术是现代种植业生产的一项综合水肥管理措施,具有显著的节水、节肥、省工、优质、高效、环保等优点。水肥一体化技术在国外有一特定词描述,叫"Fertigation",即"Fertilization(施肥)"和"Irrigation(灌溉)"两个单词的组合,意为灌溉和施肥结合的一种技术,国内翻译为水肥一体化、灌溉施肥、加肥灌溉、水肥耦合、随水施肥、管道施肥、肥水灌溉、肥水同灌等,目前"水肥一体化"这个称谓使用较为广泛。

水肥一体化技术是一种将灌溉与施肥相结合的节约型灌溉和施肥技术,可以显著提高水肥的利用率,作物在吸收水分的同时可以吸收养分,即以喂养婴儿的方式喂养作物,水分养分同时供应,少量多次,养分平衡。水是肥效发挥的关键,肥是打开水土系统生产效能的"钥匙"。植物可以通过根系和叶片同时吸收养分,但是肥料需要溶解后才能被植物吸收,水肥一体化技术是通过水肥的高效配合,来提高肥料利用效率的最佳途径,可以节肥20%~50%,同时可以提高产量10%以上。

植物主要靠根部吸收营养元素,而滴灌水肥一体化恰恰可以灵活、方便、准确地将肥料施入植物根部,满足植物这一生长特性,我国滴灌水肥一体化的研究起步较早,最早可以追溯到 20 世纪 70 年代从墨西哥引进的滴灌设备开始。目前,滴灌水肥一体化的研究相对较多,涉及设施栽培、蔬菜、花卉、果树、大田作物等多种作物。但是滴灌也存在人工铺带收带用工多,地面管道多,对田间农机作业影响大等问题。微喷灌是在滴灌与喷灌基础上发展起来的,兼有滴灌与喷灌优点的一种灌溉方式,微喷水肥一体化作为一种先进的节水、节肥模式研究也相当较多,微喷水肥一体化结合了滴灌和喷灌的优点,成本低,可在低压条件下运行,具有节水、节地、省工、省时、增产、增效的效果。SPALDING 等(2001)通过试验表明喷灌水肥一体化显著地减小了氮的淋洗,作物减产只有 6%。MERKLEY 等(2004)建立了一种沟灌水肥一体化条件下模拟水溶性肥料的应用效率和均匀性的模型。

目前,我国水肥一体化农田占比低、灌溉系统信息化程度低的问题仍然存在。为了提高水资源、肥料、农药的利用率,需要将灌溉技术、施肥与喷洒技术相结合。2015 年,农业部印发了《到 2020 年化肥使用量零增长行动方案》。2017 年,中共中央办公厅与国务院提出,到 2020 年,化肥、农药使用量实现零增长。目前,水肥一体化的模式主要有滴灌、微喷灌、膜下滴灌,水肥药一体化技术是实现化肥、农药减量的有效途径之一。但是水肥一体化也存在着一系列的问题,比如施肥机针对性不够、农机与农艺不配套、施肥技术与施肥机推广不到位、施肥机价格高等。

1.2.4　水肥对作物产量影响的国内外研究现状

黑土地是人类长期赖以生存的珍贵土地资源,东北黑土区是世界三大黑土区之一,同时也是我国非常重要的商品量供应基地。然而由于长期不合理的过度开发与利用,东北黑土地面临着施肥过量、土壤板结、水土流失、犁底层变薄等诸多问题。

国内外关于水肥对作物与土壤方面的研究较多,不同研究者选择了棉花、番茄、甜瓜、黄瓜、玉米、小麦等作物进行研究。例如,BERGSTRöM 等(1986)在瑞典中部进行试验,结果表明,施用氮肥量与灌水量应与作物需水量平衡,以尽量减少地表水与地下水的污染。吕殿青等(1995)提出两种水肥效应耦合模型建模方法。SKINNER等(1998)研究水和氮对沟灌玉米根系生长的影响。梁银丽等(1998)研究肥力水平扩大对土壤深层水分的利用,改变了土壤和植株的水分状况。穆兴民(1999)认为旱作农业应做到"量水施肥,协调水肥关系"。针对高度依赖于水肥以达到最佳产量和质量的情况,THOMPSON等(2000)在美国西南部,研究了地下滴灌水肥一体化条件下水和氮的作用及水氮相互作用对菜花产量和质量的影响。沈荣开等(2001)通过大田试验表明肥效益的发挥与农田水分状况的关系十分密切。OGOLA等(2002)研究了氮和灌溉对玉米作物用水的影响。翟丙年等(2002)将水肥耦合模型用到冬小麦的产量方面。高亚军等(2003)经过对春玉米与冬小麦的研究发现,相比较灌溉而言,氮肥决定了作物的产量。姚静等(2004)对甜瓜进行了试验研究,结果表明各因素(灌溉、氮肥、磷肥、钾肥)之间具有不显著的交互作用。孙文涛等(2005)对番茄进行了试验研究,表明对番茄产量影响由大到小依次为:灌溉量与钾肥的交互作用、氮肥用量。ZAND等(2006)建立了玉米水氮模拟模型(MSM)。BANEDJSCHAFIE等(2008)采用一种新的地下灌溉技术对冬小麦的水分与氮肥利用效率的提高进行了研究。徐海等(2009)对旱地小麦土壤水肥耦合的时空变异特征进行了研究,结果表明:硝态氮和碱解氮还存在不同程度的表聚,其中硝态氮表聚作用最为显著。罗慧等(2009)研究了灌水方式对不同施肥水平烤烟产量和品质的影响,说明高施肥虽然是烟叶高产的保证,但是过多的肥料投入将提高生产成本,降低增产效果。CABELLO等(2009)研究了不同灌水量与施肥量对甜瓜产量与品质的影响,结果表明:灌水量与施肥量之间的交互作用对产量、果实重量都有显著的影响。刘红杰等(2017)研究了不同灌水次数和施氮量对冬小麦农艺性状及产量的影响,结果表明:增加灌水次数和适当调整施氮量不但可以提高冬小麦灌浆期的农艺性状、经济系数,同时可以提高冬小麦的产量及构成要素。HONGGUANG等(2017)研究了滴灌条件下,灌溉水平(充分与非充分)、氮肥类型(快速释放与缓放)对玉米根部生长和粮食产量的相关影响。

目前,国内外主要针对不同灌溉量、施肥量因素或者灌溉与施肥的交互因素对作物与品质的影响研究相对较多,而针对不同水肥一体化施肥方式对作物生长性状、产量及土壤水肥时空变化规律的影响研究相对较少。

1.3　需要进一步解决的问题

综上所述,水肥一体化对作物与生态均有重要意义,国内外关于水肥一体化对不同作物均有较多研究,但仍有以下内容需要研究:

(1)圆形喷灌机不同行走速度百分比条件下灌溉与施肥均匀度需要进一步研究。由于圆形喷灌机组在运行时根据不同作物、不同生育期及地域条件下,作物需水量不同而调节不同的运行速度进行灌溉与施肥,灌溉与施肥均匀度对作物生长发育状况具有关键作用,而具体运行速度对灌溉与施肥均匀性的影响,目前研究的相对较少,因此需要进一步研究圆形喷灌机组不同行走速度百分比条件下的灌溉与施肥均匀度。

(2)圆形喷灌机水肥一体化条件下冠层截肥量的问题需要进一步研究。喷灌条件下的冠层截留关系到喷灌水肥一体化是否会对作物叶片造成灼伤、作物减产甚至死亡,喷灌水肥一体化经过冠层截留后是否节肥的问题,因此需要对圆形喷灌机水肥一体化条件下冠层截留量的问题进行研究。

(3)不同水肥一体化模式和耕作制度条件下,玉米、大豆生长性状、产量的问题需要进一步研究。对于不同试验条件下对作物生长形状与产量的影响,国内外研究也相对较多,但是研究结论不统一,因此需要针对不同水肥一体化模式和耕作制度条件下,玉米、大豆的生长性状、产量问题进行进一步的研究。

(4)不同水肥一体化模式和耕作制度条件下,土壤水肥时空变化的问题需要进一步研究。不同水肥一体化模式和耕作制度是否会对土壤水肥的分布造成不同的影响,需要进一步的研究。

1.4　研究内容与方法

本书旨在开展不同水肥一体化施肥模式的研究，一方面，采取田间试验来研究圆形喷灌机的施肥均匀性、水肥一体化的冠层截肥量；另一方面，需要改进喷灌机水肥一体化装置，改善传统的喷灌水肥一体化施肥低效的不足，通过安装专门微喷喷肥系统，实现微喷施肥，研究圆形喷灌机灌水淋洗的施肥方式，以解决大面积施肥时由于浓度过高而对植物造成伤害。通过水肥药一体化作业，提高喷灌机的综合利用率，实现"一机多用""一喷多防"的目的。针对东北地区的玉米与大豆这两种广泛种植的典型作物，采用不同的施肥方式与施肥量、灌溉量进行试验。主要包括以下研究内容：

（1）针对圆形喷灌机喷灌条件下大豆植株对水量再分配过程影响，包括大豆冠层截留后的水量分布、喷灌均匀系数、冠层截留量，并用 Hoyningen-Braden 模型对冠层截留量进行模拟。

（2）不同水肥一体化施肥模式条件下，不同作物、不同生育期的冠层截肥量的研究。

（3）研究圆形喷灌机水肥一体化条件下，不同施肥方式、灌溉量与施肥量对东北地区连作玉米、大豆生长性状与产量的影响；不同施肥方式，不同施肥量对东北地区轮作玉米－大豆生长性状与产量的影响，确定合理的施肥方式，指导当地生产。

（4）研究圆形喷灌机不同水肥一体化施肥条件下对土壤水肥时空变化规律的影响。

1.5　技术路线

通过圆形喷灌机不同水肥一体化模式对冠层截肥量及对作物产量与土壤水肥时空变化规律的研究，为东北地区主要旱作物的水肥供给提供理论指导和技术支撑，技术路线见图 1-1。

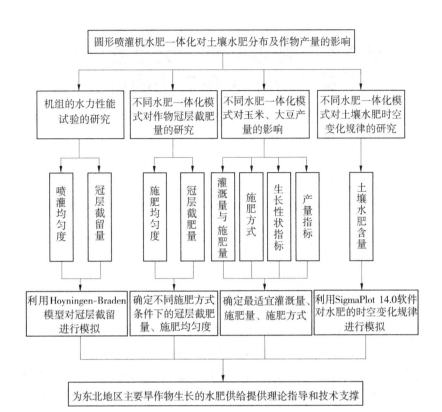

图 1-1　技术路线

第 2 章　喷灌条件下大豆植株对水量再分配过程影响的研究

农业机械化对我国农业的现代化发展具有重要的推动作用,而随着我国劳动力成本的上升,机械化作业将作为未来我国农业发展的重要方向,可以有效降低劳动力成本并且提高作物产量与品质。东北地区耕地面积较为集中,农业机械化水平高,近几年来随着节水增粮行动的推进,喷灌是黑龙江省旱田节水灌溉的主要模式,目前使用较多的为圆形喷灌机与卷盘式喷灌机。圆形喷灌机具有自动化程度高、单机控制面积大、省时省工的优点,非常适合我国以玉米、大豆为主产区的东北地区。

针对目前对喷灌水经过作物冠层截留后的水量分布、喷灌均匀系数的研究相对较少,为了研究作物冠层截留后对喷灌水量分布的改变情况,本书研究了圆形喷灌机不同运行速度条件下,针对东北地区大豆这种主要农作物,选取大豆结荚期,研究大豆冠层截留对喷灌水量分布的影响,冠层上方与冠层下方喷灌均匀系数的对比;同时选取大豆各个生长期,测量不同生长期的冠层截留量,并且根据水量平衡方程,利用Hoyningen-Braden 模型对大豆的冠层截留量进行模拟分析。

2.1　试验设计与方法

2.1.1　试验区概况

试验地点位于黑龙江省水利科技试验研究中心,位于哈尔滨市道里区机场路,隶属黑龙江省水利科学研究院。该试验站位于哈尔滨市西南部,北纬 45°38′36″,东经 126°22′38″,海拔 152 m。试验用圆形喷灌机(见图 2-1),由 2 跨(40.5 m、40.5 m)与悬臂(9 m)组成,机组总长度为 90 m,整个系统流量为 92.53 m³/h,悬臂(第三跨)尾部安装有尾枪,尾枪型号为 SR75-18,尾枪处的压力设定为 0.14 MPa,尾枪喷幅 20 m,圆形喷灌机喷幅一共为 110 m。圆形喷灌机固有喷头为固定折射式喷头 Nelson D3000B,为了保证喷头处的压力稳定,每个喷头都安装有压力调节器,保证喷头处的压力为 0.1 MPa,喷头间距为 2.25 m,第一跨距离塔架最近的 2 个喷头没有安装,第一跨共安装 16 个喷头,第二跨共安装 18 个喷头,第三跨共安装 3 个喷头。每个喷头距离地面高度约为 1.5 m,由地下机井供水,地下水深为 60 m。试验地大豆品种为东农 67,播种方式均为条播,行距与株距分别为 20 cm、10 cm,播种深度为 3 cm。

图 2-1　圆形喷灌机

2.1.2　大豆结荚期冠层上下方灌溉水深的测定

试验时间为 2018 年 8 月,为了分别测量大豆冠层上方与冠层下方的水量分布,试验时在同一块大豆地选取长势相同的两块大豆试验地进行喷灌水量分布试验。第一块试验地用来测量冠层上方的水量分布,第二块试验地用来测量冠层下方的水量分布。冠层上方的雨量筒放置在支架上,冠层下方的雨量筒直接放置在地面上,冠层上方与下方的雨量筒规格相同,直径为 88 mm,高度为 150 mm。两块试验地的雨量筒布置方式完全相同,按照顺时针旋转方向分别标注为第一排、第二排,两排雨量筒的夹角为 18°。由于喷灌机第一跨长度为 40.5 m,第二跨长度为 40.5 m,第三跨长度为 9 m,尾枪射程为 20 m,雨量筒径向间距均为 1 m。两排雨量筒交错布置,交错距离为 0.5 m。同时沿着喷灌机周向布置三排雨量筒,距离中心支轴的距离分别为 38 m、76 m、90 m。雨量筒的周向间距为 2 m。喷灌机第一排雨量筒射线与第二排雨量筒射线末端直线距离为 34 m,满足相关规范中规定相邻两条射线上末端雨量筒之间的距离不大于 50 m。雨量筒的具体布置方法如图 2-2(a)所示。由于大豆是密植作物,试验时选取的大豆处于结荚期,此时大豆生长在最旺盛的阶段,叶面积指数较高,覆盖率最大可达到 95% 以上,对喷灌水的再分配作用最强。考虑到冠层下方的雨量筒主要是测量冠层截留后地面接收的水量,在冠层下方的雨量筒试验时,摆放雨量筒时,雨量筒均布置在大豆冠层下方,大豆冠层下方的雨量筒摆放布置局部示意如图 2-2(b)所示。圆形喷灌机调至一定速度百分比后,依次运行经过这两块试验地,试验结束后,同时测量这两块试验地雨量筒深度。

2.1.3　茎秆流量的测定

采用包裹引流法测量茎秆流量,在茎秆距离地面 1 cm 处用包裹的喇叭口状聚乙烯集水装置收集茎秆流,并在装置底部引出 1 个导管,试验过程将收集到的茎秆流流入收集筒内,以测量茎秆流量。将所测水量除以平均单株大豆占据的面积,即可折算成茎秆流水深(mm)。茎秆流量可以按照式(2-1)进行计算:

$$S_d = \frac{V_s}{A} \tag{2-1}$$

式中:S_d 为茎秆流量,mm;V_s 为茎秆流量的体积,L;A 为单株大豆的平均占地面积,m^2。

茎秆率可以利用茎秆流量与冠层上方灌溉水量的百分比进行计算。

2.1.4　冠层截留量的测定

冠层截留量根据水量平衡原理按照式(2-2)与式(2-3)进行计算:

$$I = P_s - I_n \tag{2-2}$$

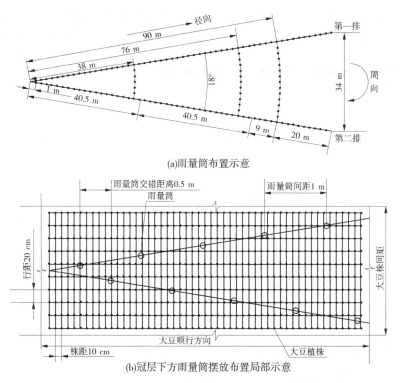

(a)雨量筒布置示意

(b)冠层下方雨量筒摆放布置局部示意

图 2-2   测定水量分布特性的雨量筒布置方式

$$I_n = P_x + S_d \tag{2-3}$$

式中: I 为冠层截留量, mm; P_s 为冠层上方灌溉水深, mm; I_n 为净灌溉水量, mm; P_x 为冠层下方灌溉水深, mm。

冠层截留率可以利用冠层截留量与冠层上方灌溉水量的百分比进行计算。

2.1.5   大豆不同生长阶段冠层截留量的测定

从 6 月 15 日至 8 月 5 日, 每间隔 5 d 测量大豆的叶面积, 叶面积可以利用式(2-4)进行计算, 其相应的叶面积指数可以利用式(2-5)进行计算。同时测量大豆的冠层截留量, 测量时雨量筒的摆放方法如图 2-3 所示。由于大豆的种植密度较高, 为了准确测量冠层下方的灌溉水量,将雨量筒齐地面埋于地下,雨量筒外筒直径 88 mm,高 150 mm。为了避免雨量筒埋于地面以下对大豆的根系产生影响,冠层下方的雨量筒按照 S 形摆放,共摆放 38 个。同时在紧邻的裸地放置 20 个雨量筒,用来测量大豆冠层上方的喷灌水量。

$$LA = \sum_{i=1}^{n} \bar{k} \times L_i \times W_i \tag{2-4}$$

式中:LA 为单株植株的总面积,cm^2;n 为单株植株的总叶片数;$\bar{k}$ 为修正系数,取 0.8;L_i 为第 i 片叶的最大长度,cm;W_i 为第 i 片叶的最大宽度,cm。

$$LAI = 0.0001N \times LA \tag{2-5}$$

式中:LAI 为叶面积指数,m^2/m^2;N 为单位土地面积上的大豆植株数。

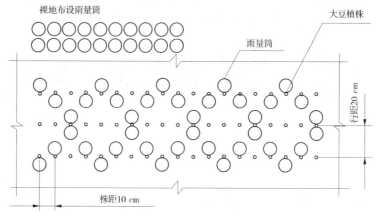

图 2-3　大豆冠层下方灌溉水深的测试示意

2.1.6　均匀系数的计算方法

圆形喷灌机不同运行速度条件下冠层上方、冠层下方喷灌均匀系数的计算主要采用以下公式:

$$C_{UH} = 100 \times \left(1 - \frac{\sum_{i=1}^{n} |H_i - \bar{H}_i|}{\sum_{i=1}^{n} H_i D_i} \right) \tag{2-6}$$

式中:C_{UH} 为赫尔曼-海因水量分布均匀系数;n 为用于数据分析的雨量筒个数;i 为雨量筒标识变量,通常从距中心支轴最近的那个雨量筒($i=1$)开始,到距中心支轴最远的那个雨量筒($i=n$)结束;H_i 为第 i 个雨量筒收集水深,水深可以通过 $H_i = \dfrac{V_i}{\pi R^2}$ 计算,其中 V_i 为雨量筒的体积,R 为雨量筒的半径;D_i 为第 i 个雨量筒距中心支轴的距离。

$\overline{H}_w$ 为所收集水深的加权平均值,按式(2-7)计算:

$$\overline{H}_w = \frac{\sum\limits_{i=1}^{n} H_i D_i}{\sum\limits_{i=1}^{n} D_i} \tag{2-7}$$

2.1.7 利用 Hoyningen-Braden 模型对大豆冠层截留的模拟

有两种模拟降雨或者喷灌拦截的模型:适用于农业作物的 Hoyningen-Braden 模型和适用于森林的 Gash 模型。对于农作物和牧场,VON HOYNINGEN(1983)与 BRADEN(1985)提出了以下农作物截留的一般模型:

$$I_i = a\mathrm{LAI}\left(1 - \frac{1}{1 + \dfrac{bI_{\mathrm{gross}}}{a\mathrm{LAI}}}\right) \tag{2-8}$$

式中:I_i 为截留水深,cm;I_{gross} 为总灌溉量,cm;a 为经验系数,cm;b 为土壤覆盖率。

随着灌水量的增加,截留的水量逐渐达到饱和。原则上,a 必须通过试验来确定,而对于普通农作物,可以假设 $a=0.025$ cm。当 LAI 给定时,土壤覆盖率 b 为

$$b = 1 - \mathrm{e}^{-k_{\mathrm{gr}}\mathrm{LAI}} \tag{2-9}$$

式中:k_{gr} 为太阳辐射消光系数,RITCHIE(1972)和 FEDDES 等(1978)对普通作物使用 $k_{\mathrm{gr}} = 0.39$。

本次研究结合大豆生育期 6 月 15 日至 7 月 30 日,每间隔 5 d 对大

豆冠层截留进行一次试验,共 10 组试验观测数据,通过比较模型模拟值与实测值的平均误差 ME(mean error)、均方根误差 RMSE(root mean square error)、决定系数 R^2(R Square)、误差比 ε 的几何平均数 GMER(geometric mean error ration)、误差比 ε 的几何标准偏差 GSDER(geometric standard deviation error ration)来分析建模精度。

$$ME = \frac{1}{N} \sum_{i=1}^{N} (I_i^p - I_i^m) \qquad (2\text{-}10)$$

$$RMSE = \sqrt{\frac{1}{N} \sum_{i=1}^{N} (I_i^p - I_i^m)^2} \qquad (2\text{-}11)$$

$$R^2 = 1 - \frac{\sum_{i=1}^{N} (I_i^m - I_i^p)^2}{\sum_{i=1}^{N} (I_i^m - \overline{I})^2} = 1 - \frac{RMSE}{var} \qquad (2\text{-}12)$$

$$\varepsilon_i = \frac{I_i^p}{I_i^m} \qquad (2\text{-}13)$$

$$GMER = \exp\left(\frac{1}{N} \sum_{i=1}^{N} \ln(\varepsilon_i)\right) \qquad (2\text{-}14)$$

$$GSDER = \exp\left\{\left[\frac{1}{N-1} \sum_{i=1}^{N} (\ln(\varepsilon_i) - \ln(GMER))^2\right]^{1/2}\right\} \qquad (2\text{-}15)$$

式中:I_i^p 为模型模拟值;I_i^m 为实测值;N 为样本个数;$\overline{I}$ 为样本实测值的均值;var 为方差函数。

2.2　结果与分析

2.2.1　大豆的冠层截留量与茎流量的分析

分别设置圆形喷灌机行走速度百分数 k 为 10%,20%,30%,…,100% 共 10 个水平条件下的冠层上方与下方的灌溉水深进行分析。从图 2-4 可以看出,冠层上方的灌溉水深大于灌溉下方,当圆形喷灌机行走速度百分数 k 分别为 10%,20%,30%,…,100% 共 10 个水平时,大豆

的冠层上方、下方的灌溉水深变化范围分别为 2.27~24.87 mm、1.83~
19.72 mm。冠层上方、下方的灌溉水深与行走速度百分数均近似呈幂
指数关系,且幂的指数分别为 -1.033 与 -1.081,与 -1 接近,如
图 2-4(a)所示,这可能是根据圆形喷灌机的设计原理,理论灌水深度
与喷灌机行走速度百分数呈幂指数关系,且幂指数为 -1,即当圆形喷
灌机行走速度百分数为 100% 时,机组的行走速度最大,理论灌溉水深
可以利用机组行走速度为 100% 时的灌溉水深与机组行走速度百分数
的幂指数的 -1 次方的乘积进行计算。当冠层上方灌溉水深增大时,大
豆的冠层截留量与茎秆流量均有增加趋势,但是当大豆机组的冠层截
留量达到 1.31 mm 时,大豆的冠层截留量达到稳定,如图 2-4(b)所示,
大豆的冠层达到了冠层截留能力的最大值,说明此时大豆的冠层截留
能力达到了饱和。原因可能是当喷灌水量较小时,大豆冠层截留量随
着喷灌水量的增加而增加,但是每种作物对喷灌水或者降雨截留都有
一个极限值,当截留量达到这个值以后,截留量不再随着喷灌水量的增
加而增加,并且截留率降低。试验测得冠层截留量为 0.16~1.31 mm,
冠层截留率为 6.81%~16%,并且冠层截留率随着灌溉深度的增加呈
现先增加后减小的趋势,这是由于随着机组行走速度百分数的降低,喷
灌水深度增加,冠层截留量增加,冠层截留率增加,但是当冠层达到饱
和后,随着喷灌水深的增加,冠层截留量没有增加,因此冠层截留率降
低。而茎秆流量随着灌溉水深的增加而增加,茎秆流量的范围为
0.29~3.83 mm,茎秆率为 12.19%~25.14%。

2.2.2 机组不同行走速度百分数条件下大豆冠层下方的径向水量分布

选取圆形喷灌机的行走速度百分数 k 分别为 10%,20%,30%,…,
100% 共 10 个水平时的数据进行分析,将第一排与第二排冠层截留后
的水量求平均值后绘制水量分布图如图 2-5 所示。从图 2-5 可以看
出,冠层截留后的灌水深度随着行走速度百分数的增加而呈现减小趋
势,这与冠层截留前的喷灌水量分布较为类似。冠层截留后的水量分
布呈现锯齿分布,这与冠层截留前的喷灌水量呈现锯齿分布相同。在

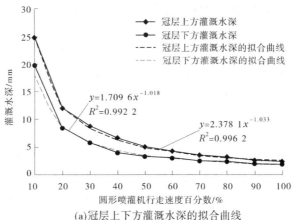

$y=1.709\ 6x^{-1.018}$
$R^2=0.992\ 2$

$y=2.378\ 1x^{-1.033}$
$R^2=0.996\ 2$

(a)冠层上下方灌溉水深的拟合曲线

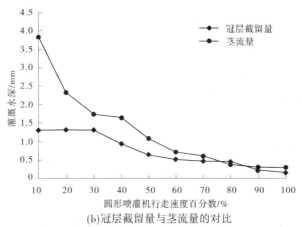

(b)冠层截留量与茎流量的对比

图 2-4　圆形喷灌机不同行走速度百分数条件下的冠层截留量与茎流量

距离喷灌机中心支轴 0~15 m 位置的灌水深度较小,这主要是因为距离中心支轴较近位置的几个喷头没有安装,水量没有经过喷头喷洒水量的叠加导致;而距离喷灌机中心支轴 81~90 m 末端位置,同样因为喷头喷洒水量没有叠加导致灌水深度较低。尾枪喷洒范围内(90~110 m)的喷灌水量较不均匀。这是由于尾枪跨流量大,喷灌强度高导致。总之,冠层截留后的水量分布与未经过冠层截留的水量分布较为类似。

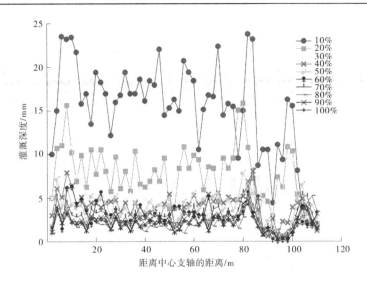

图 2-5　圆形喷灌机冠层下方的水量分布

2.2.3　大豆冠层上下方径向水量分布的对比分析

选取圆形喷灌机行走速度百分数 k 分别为 30%、60%、90% 时的 3 组行走速度进行试验分析。由于喷灌机距离中心支轴较近的几个喷头没有安装,距离尾枪跨较近的几个喷头没有水量叠加,并且在喷灌机第 2 跨靠近车轮位置有漏水现象,为了保证数据的统一性,选取距离中心支轴的距离为 15~75 m 的水量分布为研究对象。冠层上方与下方的水量分布如图 2-6 所示。从图 2-6 中可以看出,第一排与第二排的水量分布较为接近。在同一位置,冠层上方的灌溉深度大于冠层下方。冠层下方的水量分布与冠层上方相比,较为均匀,说明大豆的冠层改善了喷灌的水量分布,使冠层下方的水量分布较冠层上方均匀。但是试验时测量的冠层下方的灌溉水深只是喷灌水经过作物叶片缝隙或者经过作物叶片截留后的水量,而经过作物茎秆截留后再进入土壤的水量未考虑在内,因此具体喷灌水经过冠层截留后的水量分布是否得到了改善与作物品质、种植方式,是否考虑茎秆截留的水量等因素均有关。

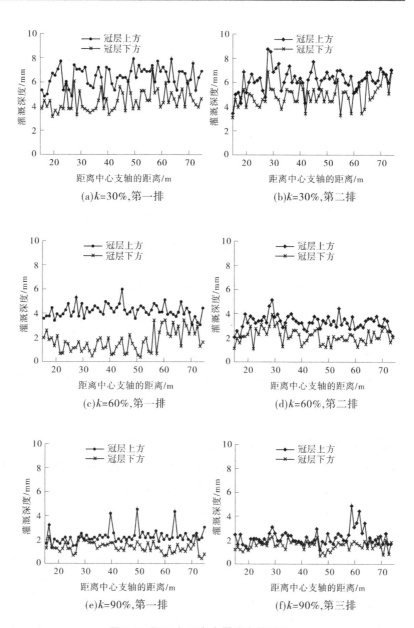

图 2-6 冠层上下方水量分布的对比

2.2.4 大豆冠层上下方的喷灌均匀系数、空气温度、湿度的对比分析

根据式(2-6)与式(2-7)计算了当机组行走速度百分数 k 分别为 30%、60%、90% 共 3 个水平时冠层上方与下方的喷灌均匀系数,如表 2-1 所示,同时测量与计算冠层上方与下方的平均灌溉深度、平均温度、平均湿度。从表 2-1 可以看出,当机组行走速度百分数 k 为 30%、60%、90% 时,冠层下方的喷灌均匀系数高于冠层上方,说明大豆冠层改善了喷灌的水量分布,提高了喷灌均匀系数。当机组行走速度百分数 k 为 30%、60%、90% 时,冠层下方比冠层上方的喷灌均匀系数依次提高了 1.97%、4.70%、10.19%,说明随着机组行走速度百分数的提高,大豆冠层的改善喷灌均匀系数的程度提高。当喷灌机组的均匀系数较差时,冠层的改善作用较高;当机组的喷灌水深较高时,冠层的改善效果较低。当机组行走速度百分数 k 为 30%、60%、90% 时,冠层下方的温度比冠层上方依次降低 23.33%、28.13%、33.33%,湿度依次提高了 48%、44%、38.5%,说明喷灌可以降低冠层温度、增加冠层湿度,而较高的空气湿度与较低的空气温度可以抑制作物蒸腾与无效的水分蒸发,这对提高喷灌水分利用效率有积极的意义。说明虽然喷灌由于作物的冠层截留作用产生了无效蒸发,但是喷灌可以调节冠层温度与湿度,抑制作物蒸腾与水分蒸发。

表 2-1 大豆冠层上方与下方的喷灌均匀系数、灌溉深度、温度、湿度的变化

行走速度百分数 k/%	均匀系数 C_{UH}/%		平均灌溉深度/mm		平均温度/℃		平均湿度/%	
	冠层上方	冠层下方	冠层上方	冠层下方	冠层上方	冠层下方	冠层上方	冠层下方
30	89.84	91.61	6.38	4.87	30	23	22	70
60	81.46	85.29	3.79	2.35	32	23	24	68
90	75.26	82.93	2.01	1.88	31.5	21	30.5	69

2.2.5 圆形喷灌机冠层下方的径向喷灌均匀系数与周向喷灌均匀系数

图 2-7 为圆形喷灌机组不同行走速度百分数条件下冠层下方的径向喷灌均匀系数。从图 2-7 中可以看出,当机组行走速度百分数 k 为 10% 时,机组的喷灌均匀度数值最大,数值为 92.77%;当机组行走速度百分数 k 为 100% 时,机组的喷灌均匀度数值最小,为 75.26%。冠层截留后,随着机组运行速度的增加,机组的喷灌均匀度有减小趋势,喷灌均匀度随喷灌机行进速度的提高而减小,试验测得机组的喷灌均匀度均大于 75%。

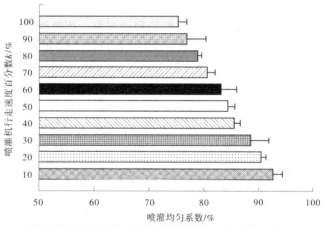

图 2-7　圆形喷灌机冠层下方的径向喷灌均匀系数

圆形喷灌机冠层下方的周向喷灌均匀度如表 2-2 所示。从表 2-2 可以看出,距离中心支轴距离为 38 m、76 m、90 m 的 3 组冠层截留后不同运行速度的周向平均喷灌均匀度均大于 80%,利用 SPSS 软件对表中数值进行单因素方差分析,三者不同运行速度的喷灌均匀度的均值有显著性差异。而且距离中心支轴处 76 m 位置周向喷灌均匀度数值最大,为 98.1%,其次为距离中心支轴 38 m 位置的周向喷灌均匀度,为 87.1%。周向喷灌均匀度平均值为 88.9%,冠层截留后沿着喷灌机行走方向的喷灌均匀度仍然相对较高,说明圆形喷灌机的周向喷灌均匀

系数整体上高于径向喷灌均匀系数,这与冠层上方的喷灌均匀系数呈
相同趋势。

表 2-2　冠层下方的周向喷灌均匀度

距离中心支轴距离/m	不同运行速度的喷灌均匀系数 C_{UH}/%										标准偏差	标准误差	变异系数/%	均值/%
	$k=$10%	$k=$20%	$k=$30%	$k=$40%	$k=$50%	$k=$60%	$k=$70%	$k=$80%	$k=$90%	$k=$100%				
38	80.2	80.9	88.8	80.3	90.3	94.0	91.7	91.8	77.5	95.1	6.6	2.0	7.5	87.1a
76	96.0	98.5	99.1	97.7	99.4	99.4	93.8	98.8	99.0	99.3	1.8	5.8	1.8	98.1b
90	89.0	77.4	80.9	79.7	80.6	88.8	83.3	76.9	81.8	77.7	5.7	1.8	7.1	81.6c

2.2.6　利用 Hoyningen-Braden 模型对大豆不同生长阶段冠层截留的模拟

利用 Hoyningen-Braden 模型对大豆不同生育期的冠层截留量进行
模拟与计算,并利用统计学方法对模型精度进行评估。将 10 组数据代
入 Hoyningen-Braden 模拟模型中,并根据式(2-10)~式(2-15)计算各
统计量,结果绘制于图 2-8 中。从图 2-8 可以看出,大豆冠层截流量的
实测值与模拟值比较接近,基本在 $y=x$ 对称线两侧均匀分布,说明
Hoyningen-Braden 模型模拟精度较好。实测值与模拟值的平均误差
ME 为 0.041,相对较小,说明模拟值比较接近实测值;模拟值与实测值
的决定系数 R^2 为 0.958,接近于 1,说明模拟值与实测值的变化趋势基
本一致;均方根误差 RMSE 值越小,说明模拟精度越高,计算模拟值与
实测值的均方根误差 RMSE 值为 0.082,接近于 0,该模型的模拟值与
实测值吻合度较高,说明该模型可以预测大豆不同生长阶段冠层截留
量。误差比 ε 的几何平均数 GMER 为 1.024,该值在 1 附近,说明模拟
值与实测值较接近;误差比 ε 的几何标准偏差 GSDER 为 1.103,该值
大于 1,说明模拟值相对于实测值略微偏大,偏大的原因可能是有几个
实测值偏大,根据最小二乘法的最优拟合原则,影响模拟效果导致。总
体而言,利用 Hoyningen-Braden 模型对大豆冠层截留的模拟结果较好,
拟合度较高。

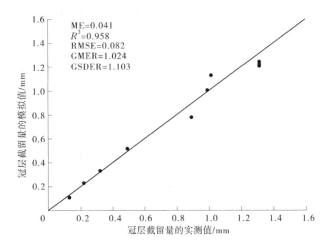

图 2-8　大豆冠层截留量的模拟值与实测值的对比

2.3　讨　论

　　喷灌以类似于降雨的方式进入大气,流经冠层,最终进入土壤,到达作物根系,由于喷灌存在空中漂移损失、冠层截留损失、茎秆截留损失,因此喷灌是否节水一直是饱受争论的话题。圆形喷灌机具有自动化水平高、劳动强度低等诸多优点,近年来在黑龙江省、内蒙古自治区、吉林省、河北省等地得到了快速推广。本书试验了圆形喷灌机灌溉条件下对大豆这种作物冠层截留后水量分布的影响,试验测得大豆的冠层截留量为 0.66~1.11 mm,平均冠层截留量为 0.66 mm,其中当机组的行走速度百分数调至 30% 时,大豆的冠层截留量为 1.11 mm,随着机组喷灌水量的增加,冠层截留量稳定在 1.11 mm 没有变化,说明大豆分枝期的最大冠层截留能力为 1.11 mm。冠层截留率的平均值为 11.4%,茎流率的平均值为 17.3%,冠层下方透水率为 71.3%,数值低于徐宁等(2020)试验测得的 83.94% 的大豆穿透雨率,这可能是由于徐宁等(2020)试验时选取大豆的整个生育期为研究对象,而本试验只选取大豆生长旺盛、叶面积指数最大的时期为研究对象的原因;也可能是因为本试验是针对喷灌后对大豆的冠层截留量进行测量,而徐宁等(2020)是利用人工模拟降雨法以及喷雾法对大豆的冠层截留量进行观测。叶面积指数对作物冠层截留的影响较大,郭建平等(2020)认为,当作物的叶面积指数小于 1 时,对降雨的截留可以忽略,大豆不同生育期由于叶面积指数不同,冠层透水率有较大差异。大豆冠层下方的水量分布仍然呈现锯齿形分布,这主要是冠层截留量与喷灌水量、茎流量相比,所占比例最低,对总灌溉量影响较小,对冠层上方水量分布影响较小。而水量分布呈锯齿形分布与赵伟霞等(2014)对圆形喷灌机水量分布的结果一致,严海军(2005)认为这与喷头的水量分布呈三角形有关,而 HANSON 等(1986)认为与塔架的运动有关,与喷头的流量无关。大豆冠层下方的喷灌均匀系数高于冠层上方的喷灌均匀系数,说明作物冠层对喷灌水的重新分配后,均匀性更佳。原因可能是作物冠层对喷灌水进行了重新分配,但是不同作物的品种、种植密度、叶面积指数的不同会造成冠层截留后水量分布的差异。大豆冠层下方与冠层上方相比,降低了空气温度,增加了空气湿度,明显调节了作物冠层的田间小气候,抑制了作物蒸腾与蒸发。大豆冠层截留后的周向喷灌均匀系数仍然高于径向喷灌均匀系数,这说明圆形喷灌机沿着行走方向均匀系数很高。

2.4　结　论

本试验对圆形喷灌机不同行走速度百分数条件下的冠下水量分布进行了分析,试验结果表明:

(1)大豆的冠层截留量为 0.16~1.31 mm,冠层截留率为 6.81%~16%;茎秆流的范围为 0.29~3.83 mm,茎秆率为 12.19%~25.14%。大豆的冠层最大截留量为 1.31 mm。

(2)大豆的冠下水量分布与冠上水量分布类似,均呈锯齿形分布,但是冠层截留后的冠下水量分布比冠上分布更加均匀,冠下喷灌均匀系数与冠上相比,均匀系数提高了 4.42%,而且喷灌水量越小,冠下改善均匀系数的效果越明显。

（3）圆形喷灌机的冠下周向（沿着喷灌机行走方向）喷灌平均均匀系数为 88.93%，冠下径向喷灌平均均匀系数为 82.74%。冠下周向喷灌平均均匀系数比冠下径向喷灌平均均匀系数高 6.19%，说明在冠层下方，喷灌机沿着行走方向的喷灌均匀系数更高。

（4）圆形喷灌机的冠层下方温度低于冠层上方，冠层下方的湿度高于冠层上方，说明喷灌可以改善作物冠层附近的小气候，可以抑制作物蒸腾和无效蒸发。

（5）利用 Hoyningen-Braden 模型对大豆的冠层截留的模拟，ME、R^2、RMSE、GMER、GSDER 值分别为 0.041、0.958、0.082、1.024、1.103，模拟模型精度较高，可以利用该模型对大豆冠层截留量进行预测。

第 3 章　不同水肥一体化模式的施肥均匀性与对作物冠层截肥量影响的分析

随着国内使用圆形喷灌机数量的增加,应用面积也随之扩大,圆形喷灌机水肥一体化相关技术的综合应用成为亟待解决的问题。本次试验设计了一种在圆形喷灌机系统中增加微喷系统,利用微喷的喷灌强度低,可以喷洒叶面肥、杀虫剂、杀菌剂、除草剂、生长调节剂等,建立水肥药一体化自动控制系统,同时满足施肥、打药等多种功能,达到了"一喷多防"的效果,实现了"一机多用"的目的,提高了圆形喷灌机组功能的综合利用率。喷灌水肥一体化在施肥过程中存在肥液的蒸发漂移损失,也存在冠层截留损失,但是冠层截肥量的多少目前研究的较少,冠层截肥一方面可能对叶片造成灼伤,致使作物减产甚至死亡,这也是限制喷灌水肥一体化技术发展的重要原因;另一方面,随着近些年水溶肥与液体肥的发展,液体肥料含养分品种多,配方易调整,叶面肥也随之得到推广应用,而喷灌水肥一体化在一定条件下可以喷洒叶面肥,可以满足作物叶片与根系的双重作用,多方位满足作物对肥料的吸收利用。本次试验设计了一种圆形喷灌机系统增加微喷系统的装置,可以满足微喷系统施肥(MSS)、圆形喷灌机施肥(CPSM)、与微喷系统施肥同时圆形喷灌机喷水淋洗(MSS-CPSM)共 3 种施肥模式,本次试验 3 种施肥模式进行了对比分析,并针对黑龙江地区种植比较广泛的玉米与大豆两种作物,对玉米与大豆不同生育期的冠层截肥量进行了分析,比较不同施肥模式条件下作物冠层截肥量的多少,探寻最佳水肥一体化施肥模式。

3.1　试验材料与方法

3.1.1　水肥一体化系统的组成

试验采用采用美国林赛公司(Lindsay International LLC)生产的智能远程控制式圆形喷灌机。喷灌机基本参数可以参照第 2 章。本次试验用喷灌机只满足灌溉,没有安装施肥系统。为了实现圆形喷灌机的综合利用,本次试验在圆形喷灌机中安装施肥系统与微喷系统,满足喷灌机的"一机多用"与"一喷多防"的目的。

对于喷灌水肥一体化,最重要的是对肥液浓度的控制,浓度过高,会引起作物叶片灼伤,甚至作物枯萎死亡;肥液浓度过低,满足不了作物生长的需要。为了达到圆形喷灌机连续无间隔施肥与均匀施肥的目的,本次试验安装两个施肥桶,一个称为混肥桶,另一个称为注肥桶,如图 3-1 所示。混肥桶中安装加肥漏斗、过滤器、摆线针轮减速搅拌机(BLD-09 立式),注肥桶安装有电导率仪、投入式液位变送器(自动测量桶内液位)、摆线针轮减速搅拌机(BLD-09 立式),两个施肥桶通过 PV 塑料管相连,混肥桶中安装自吸泵(FSZ,25×25-15S),利用自吸泵将混合搅拌均匀的肥液通过 PV 塑料管运输到注肥桶。

目前,关于圆形喷灌机注肥泵的设计与研究较多,国外圆形喷灌机一般采用电力驱动的柱塞式注肥泵或活塞式注肥泵,严海军设计了一种双缸柱塞式注肥泵,认为该注肥泵适用于圆形喷灌机水肥一体化系统。对于注肥泵缸数的选择,一般缸数越多,流量越大也越均匀,本次试验选取三缸电动柱塞泵(见图 3-2)来满足圆形喷灌机水肥一体化的需求。

3.1.1.1　圆形喷灌机水肥一体化施肥模式(CPSM-based mode)

本次试验设置圆形喷灌机水肥一体化装置如图 3-3 所示。水肥一体化两个施肥桶的尺寸均为 1 m×1 m×1 m,容积均为 1 000 L。两个桶均安装有 BLD-09 立式搅拌机,采用摆线齿轮合行星传动原理,是当今国内最先进的传动工具,具有扭矩大、传动效率高、功率小的特点,适合水肥或水肥药的搅拌,提高肥料或者农药的混合效果。两个施肥桶底部均安装有阀门,方便施肥结束后排净肥液或者施肥桶的清洗。

图 3-1　混肥桶与注肥桶的实物图

图 3-2　三缸电动柱塞泵的实物图

　　混肥桶主要作用是加肥料,并且通过搅拌机混合均匀,然后通过自吸泵,将肥液运输到注肥桶。注肥桶的主要作用是将肥液运输到圆形喷灌机,注肥桶安装有电导率仪与液位变送器,可以对桶内肥液浓度与

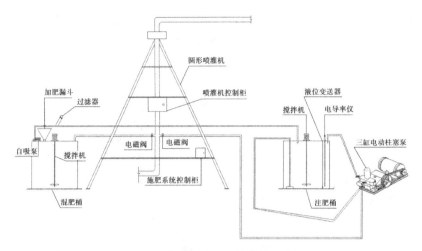

图 3-3　圆形喷灌机水肥一体化施肥装置示意

液位进行自动监测,整个施肥系统安装智能型控制柜,安装 yunplc. com 远程监控云平台,通过电脑或者手机客户端,对肥液液位及浓度进行实时监测,实现水肥一体化的智能化作业。当肥液浓度高于设定浓度时,可以通过平台操作进行加水稀释;当肥液浓度低于设定浓度时,可以通过平台操作进行加肥。三缸电动柱塞泵将注肥桶内配置好的肥液输送到圆形喷灌机。两个桶与喷灌机通过活接三通相连,如图 3-4 所示,为了方便桶内加水,两个桶与喷灌机连接处分别安装有电磁阀,方便自动化远程操作,需要注水时,电磁阀开启,桶内注满水后,电磁阀关闭;当圆形喷灌机施肥时,注肥桶与喷灌机相连的电磁阀开启,方便注肥桶内的肥液通过柱塞泵注入喷灌机。

3.1.1.2　微喷系统水肥一体化施肥模式(MSS-based mode)

本次试验在圆形喷灌机施肥系统中增加一套微喷施肥系统,这样可以满足圆形喷灌机水肥一体化施肥、微喷系统水肥一体化施肥,还可以满足微喷系统喷肥,同时圆形喷灌机喷水淋洗的组合施肥模式,可以满足农户在短时间内施入大量肥料的需要,而且可以控制较高的施肥浓度,因为施肥的同时又经过清水淋洗,一方面避免了作物叶片受到肥液灼伤的危害,另一方面也减少了作物叶片的冠层截肥的挥发量。

图 3-4　活接三通与电磁阀的实物图

　　增加微喷系统满足了圆形喷灌机的水肥一体化的高效利用,达到
"一机多用""一喷多防"的目的。喷头安装高度也是影响灌水均匀度
的重要指标,赵伟霞等(2018)通过试验表明,根据作物高度适时调整
喷头高度,可以保证喷灌均匀性和灌溉深度。为了满足根据作物生长
高度适时调整喷头的高度,本系统在圆形喷灌机的基础上采用悬挂式
可升降输送管结构(见图 3-5),该装置利用电动升降机作为动力,通过
卷筒轮卷起钢丝绳的长度来调节微喷头距离地面的高度,微喷头距离
地面高度的调节范围为 0.5~3 m。

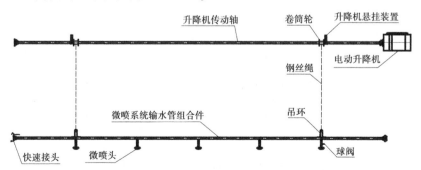

图 3-5　微喷系统桁架示意

为了保证配置的微喷系统喷洒的均匀性,根据圆形喷灌机运行所控制不同喷洒面积的变化规律进行配置不同间距、配置不同喷孔的雾化喷头,图 3-6 为雾化喷头图片。

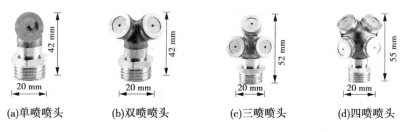

(a)单喷喷头　　　(b)双喷喷头　　　(c)三喷喷头　　　(d)四喷喷头

图 3-6　雾化喷头

具体喷头喷嘴配置情况如表 3-1 所示。由于圆形喷灌机机组总长度为 90 m,安装微喷头时只从距离中心支轴处 6 m 开始安装,因此微喷系统安装跨度一共为 84 m,在圆形喷灌机第一跨与第二跨连接处利用高压 PE 软管进行连接。

表 3-1　微喷系统各组喷洒面积及流量比例数

组号	输水管长度/m	输水管数量/个	配置喷头型号	单个输水管配置微喷头数量/个	喷头间距/m	平均单喷头喷洒流量/(L/h)	总流量/(L/h)
1	6	2	单孔喷嘴	2	3	10	40
2	6	3	两孔喷嘴	3	2	10	180
3	6	3	三孔喷嘴	3	2	10	270
4	6	3	四孔喷嘴	4	1.5	10	480
5	6	3	四孔喷嘴	5	1.2	10	600

微喷系统各组喷洒面积及流量比例数如图 3-7 所示。

微喷系统水肥一体化装置示意图与实物图如图 3-8 所示。

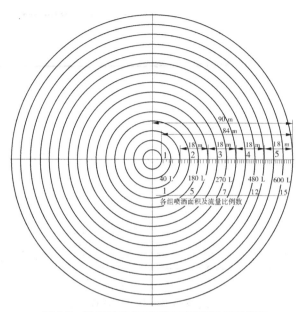

图 3-7　微喷系统各组喷洒面积及流量比例数

3.1.1.3　边施肥边淋洗的组合施肥模式(CPSM-MSS-based mode)

为了克服喷灌水肥一体化可能存在叶片灼伤的缺点,本次试验设计一种微喷系统施肥,同时圆形喷灌机喷水淋洗的施肥模式(CPSM-MSS-based mode),具体方法为:混肥桶将肥液混合均匀后,利用自吸泵将肥液注入注肥桶,然后利用柱塞泵将注肥桶的肥液注入微喷系统输水管组合件。同时,启动圆形喷灌机,圆形喷灌机为正常喷灌模式。图 3-9 为边施肥边淋洗的组合施肥模式的现场实物图。

3.1.2　施肥均匀性的试验

施肥均匀性是衡量喷灌施肥性能的重要指标,在利用喷灌系统施肥时,较高的施肥均匀性有提高肥料利用率、降低肥料在土壤中的淋湿风险的优势。而施肥装置工作的稳定性直接影响施肥浓度与施肥量的均匀性。

分别对圆形喷灌机水肥一体化施肥模式(CPSM-based mode)、微

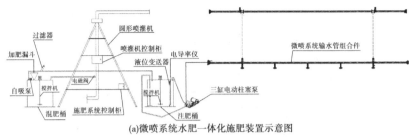

(a)微喷系统水肥一体化施肥装置示意图

(b)微喷系统水肥一体化实物图

图 3-8　微喷系统水肥一体化施肥模式装置图

图 3-9　边施肥边淋洗的组合施肥模式的现场实物图

喷系统水肥一体化施肥模式（MSS-based mode）、边施肥边淋洗的组合施肥模式（CPSM-MSS-based mode）进行施肥均匀性试验。圆形喷灌机的肥液喷洒均匀性由整机喷洒均匀性与喷头喷洒肥液浓度均匀性两部分组成。严海军等（2015）通过 9 种试验工况表明，每种工况条件下，喷头喷洒肥液浓度均匀系数均超过 99%；张萌等（2018）通过肥液浓度均匀性试验表明,肥液浓度均匀系数变化范围为 96.0%~99.0%,远大于灌水均匀系数。为了减少工作量,本次试验忽略肥液浓度喷洒均匀性对水肥一体化均匀性的影响,认为加入肥料后,肥料经过充分溶解稀释,最终喷洒在作物上的肥液浓度是均匀的。本次试验只测量不同水肥一体化施肥模式的整机喷洒均匀性。

试验时施肥桶的肥液浓度设置相同水平,施肥前将肥液搅拌均匀,忽略肥液浓度对施肥均匀性的影响。试验均在风速小于 3 m/s 的低风速条件下进行,忽略肥液的蒸发漂移损失。圆形喷灌机雨量筒的布置方式为沿着圆形喷灌机径向布置两排雨量筒,雨量筒的间距为 1 m,每排雨量筒错开的距离为 0.5 m,雨量筒沿着前圆形喷灌机前两跨进行布置,每排 80 个雨量筒,一共布置了 160 个雨量筒。雨量筒沿着机组顺时针依次为第一排、第二排,两排雨量筒夹角为 9°,两列雨量筒最外侧间距 12.6 m,圆形喷灌机的行走速度百分数 k 分别设置为 30%、60%、90% 共 3 个水平。测定施肥均匀性的雨量筒布置方式如图 3-10 所示。

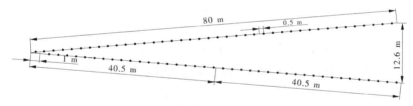

图 3-10 测定施肥均匀性的雨量筒布置方式

施肥均匀度 CF 分别根据肥液水深进行计算,计算时采用修正的赫尔曼-海因公式(Heermann and Hein),如第 2 章的式(2-6)与式(2-7)所示。

3.1.3 田间试验布置

3.1.3.1 玉米试验地的田间布置

玉米种植时间为 2019 年 5 月 2 日,玉米品种为天农九,玉米株距为 33 cm,垄宽为 68 cm。底肥施肥量为 475 kg/hm² 施肥品种为磷酸二铵与复合肥,其中磷酸二铵:复合肥=1:2。

　　玉米分两次追肥,追肥时间为 2019 年 6 月 28 日和 7 月 8 日,追肥品种为尿素(总氮≥46.4%,粒度 1.18~3.35 mm)与磷酸二氢钾(纯度≥99%)。磷酸二氢钾(KH_2PO_4)相对分子质量为 136.09,密度为 2.338 g/mL,为无色四方晶体或白色结晶性粉末,化学性质稳定,对土壤无破坏作用,花钱少,用量省,肥效高。磷酸二氢钾是一种高浓度的优质无氯钾肥,可以喷施、冲施、灌根、蘸根移栽、浸种拌种、基施,具有促进氮、磷吸收,促进光合作用,提高作物抗逆能力,调节作物生长的作用,而且与氮肥同时施入,可以节省劳力,增加肥效。对于玉米,在开花后喷施磷酸二氢钾,可以保根、保叶,提高结实率、饱果率;少倒伏,少病害,穗大,顶满粒饱,增产 35%以上。对于大豆,在鼓粒期喷施磷酸二氢钾,具有多种作用,表现为结荚多,少病害,少倒伏,籽粒饱满,增幅大。

　　尿素又称碳酰胺,特点为速溶性,对土壤的破坏作用小,效果稳定,持效期长。尿素是速效性肥料,且含氮量高,化学性质稳定,吸收快,作叶面肥或者追肥效果都不错。由于尿素为有机质,为弱电解质,而磷酸二氢钾为强电解质,每个小区均施入尿素与磷酸二氢钾两种肥料,且质量比为 75:1。施肥方式采取三种模式,圆形喷灌机水肥一体化施肥模式(CPSM-based mode)、微喷系统水肥一体化施肥模式(MSS-based mode)、边施肥边淋洗的组合施肥模式(CPSM-MSS-based mode)玉米地两次追肥方法相同,具体追肥方法如表 3-2 所示。

表 3-2　玉米的追肥方法

区号	施肥量	尿素/ (kg/hm^2)	尿素浓度/ %	磷酸二氢钾/ (kg/hm^2)	磷酸二氢钾浓度/%	施肥方式
1 区	N3	300	3	4	0.04	CPSM-MSS
2 区	N2	225	2.25	3	0.03	CPSM-MSS
3 区	N1	150	1.5	2	0.02	CPSM-MSS
4 区	N1	150	1.5	2	0.02	MSS
5 区	N2	225	2.25	3	0.03	MSS
6 区	N3	300	3	4	0.04	MSS
7 区	N3	300	3	4	0.04	CPSM
8 区	N2	225	2.25	3	0.03	CPSM
9 区	N1	150	1.5	2	0.02	CPSM

3.1.3.2　大豆试验地的田间布置

大豆种植时间为 2019 年 5 月 18 日,品种为黑农 81。大豆行距为
20 cm、株距为 10 cm。底肥施肥量为 375 kg/hm^2。底肥施肥品种为复
合肥与二铵,其中复合肥:二铵 = 5:1。

大豆也分两次追肥,追肥时间为 2019 年 7 月 4 日和 7 月 19 日。
追肥品种与玉米相同,由于大豆在生长后期根部生出的根瘤菌具有固
氮作用,设置第 2 次的尿素追肥量小于第 1 次尿素的追肥量。第一次
追肥尿素:磷酸二氢钾 = 25:1,第二次追肥尿素:磷酸二氢钾 = 15:1。
两次追肥时磷酸二氢钾追肥量完全相同。两次追肥量与施肥方式如
表 3-3 所示。

表 3-3　大豆的追肥方法

区号	施肥量	第一次尿素追肥量/(kg/hm^2)	第一次尿素追肥浓度/%	第二次尿素追肥量/(kg/hm^2)	第二次尿素追肥浓度/%	磷酸二氢钾/(kg/hm^2)	磷酸二氢钾浓度/%	施肥方式
1 区	N1	37.5	0.375	22.5	0.225	1.5	0.015	CPSM
2 区	N2	75	0.75	45	0.45	3	0.03	CPSM
3 区	N3	150	0.15	90	0.9	6	0.06	CPSM
4 区	N3	150	0.15	90	0.9	6	0.06	CPSM-MSS
5 区	N2	75	0.75	45	0.45	3	0.03	CPSM-MSS
6 区	N1	37.5	0.375	22.5	0.225	1.5	0.015	CPSM-MSS
7 区	N1	37.5	0.375	22.5	0.225	1.5	0.015	MSS
8 区	N2	75	0.75	45	0.45	3	0.03	MSS
9 区	N3	150	0.15	90	0.9	6	0.06	MSS

3.1.4　植株冠层截肥量的测量

为了避免植株冠层肥液的蒸发,试验时在每个区施肥结束后,立即
在每个小区内随机任取 3 株植株分别放入 3 个容器中,如图 3-11 所
示,并且用蒸馏水洗涤,将洗涤液均定容至 5 L。然后利用土壤电导率
测定仪分别测定每个容器洗涤液的电导率值。

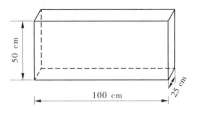

图 3-11　玉米、大豆植株与容器示意图

在室内进行溶质质量分数与电导率的拟合曲线试验,具体方法为:分别称取磷酸二氢钾质量为 0. 01 g、0. 02 g、0. 03 g、0. 04 g、0. 05 g、0. 1 g、0. 15 g、0. 2 g,然后用蒸馏水分别定容至 100 mL,最后分别用电导率测定仪(HI98331, HANNA)测量其电导率,考虑到溶液的溶解度与温度相关度最高,同时测量溶液的温度,如表 3-4 所示。

表 3-4　溶液电导率与对应的溶质浓度

电导率 EC/ (mS/cm)	溶质浓度 SC/ %	溶液温度/ ℃	电导率 EC/ (mS/cm)	溶质浓度 SC/ %	溶液温度/ ℃
0. 10	0. 01	27. 3	0. 46	0. 05	27. 9
0. 15	0. 02	27. 6	0. 85	0. 1	27. 7
0. 29	0. 03	27. 6	1. 18	0. 15	27. 8
0. 39	0. 04	27. 8	1. 57	0. 2	27. 8

经过拟合,得到如图 3-12 所示的曲线,并得到拟合曲线方程(3-1)。

$$EC = 8.165\ 3SC + 0.050\ 2, R^2 = 0.998\ 4 \qquad (3-1)$$

式中:EC 为溶液中的电导率,ms/cm;SC 为溶质浓度(溶液中溶质质量与溶液总质量的比值);R^2 为决定系数。

容器内植株淋洗的溶液浓度可以由测得的溶液电导率值根据式(3-1)进行推算。由于每次试验时洗涤叶片的液体均定容至 5 L,可以计算出洗涤液中溶质的质量。然后测量被洗涤植株叶片的表面积与茎粗,假设玉米与大豆植株的茎秆近似为圆柱体,分别根据玉米与大豆的茎粗计算出其相应的茎秆表面积,将茎秆表面积与叶片表面积之和计为单株玉米或者大豆的植株表面积,然后计算出单位面积植株的冠层截肥量。大豆植株茎秆表面积可以按照式(3-2)进行计算:

$$A_J = 0.1 \times \pi H_J D \qquad (3-2)$$

式中:A_J 为茎秆表面积,cm^2;H_J 为植株高度,cm;D 为茎秆直径,mm。

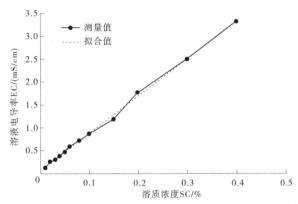

图 3-12 溶液电导率与溶质浓度的关系曲线

3.2 结果与分析

3.2.1 三种施肥方式的施肥均匀度分析

试验首先调节圆形喷灌机行走速度百分数 k 分别为 30%、60%、90% 共 3 个水平,针对圆形喷灌机水肥一体化(CPSM-based mode)、微喷系统水肥一体化(MSS-based mode)、边施肥边淋洗的组合施肥模式(CPSM-MSS-based mode)3 种施肥模式,进行相同施肥模式不同行走速度百分数的对比;然后将圆形喷灌机行走速度百分数调节为 100%,进行相同运行速度、不同施肥模式的对比。从图 3-13 可以看出,微喷系统水肥一体化肥液水深度沿着中心支轴方向变化较为剧烈,说明微喷系统水肥一体化均匀度较低,其他水肥一体化方式肥液水深度沿着中

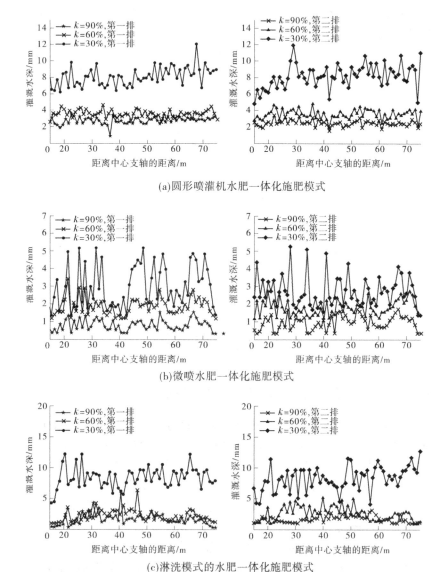

(a)圆形喷灌机水肥一体化施肥模式

(b)微喷水肥一体化施肥模式

(c)淋洗模式的水肥一体化施肥模式

图 3-13　3 种水肥一体化施肥模式的水量分布

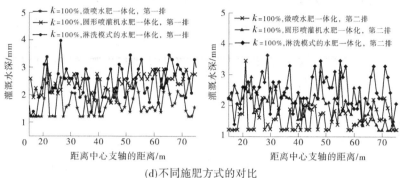

(d)不同施肥方式的对比

续图 3-13

心支轴方向变化均较为平缓。同样的机组运行速度条件下,微喷水肥一体化的肥液水深最小,而其余两种施肥模式相比,肥液水深较为接近,均大于微喷水肥一体化,这主要是因为圆形喷灌机水肥一体化与边施肥边淋洗的施肥模式肥液均进行喷灌机的二次稀释,因此肥液流量较大,而微喷水肥一体化的肥液直接进入了微喷系统输水管,没有经过喷灌机的淋洗,因此肥液水深较低。利用式(2-6)、式(2-7)进行计算,圆形喷灌机水肥一体化(CPSM-based mode)施肥均匀度为91.50%,微喷系统水肥一体化(MSS-based mode)施肥均匀度为63.75%,边施肥边淋洗的组合施肥模式(CPSM-MSS-based mode)的施肥均匀度为80.20%,说明圆形喷灌机水肥一体化的施肥均匀度最高,而微喷系统水肥一体化的施肥均匀度最低,原因可能是选择的微喷头喷幅较小,或者设计的微喷头间距过大导致的。而边施肥边淋洗组合的施肥方式比微喷水肥一体化的均匀度提高了25.80%。说明边施肥边淋洗组合的施肥方式可以提高微喷系统的喷灌均匀度,弥补了微喷系统施肥均匀度较低的不足。

3.2.2　玉米拔节前期的冠层截肥量

考虑到喷灌水肥一体化肥液经过植株叶片与茎秆后再进入土壤被植株根吸收,而叶面喷施是通过叶面气孔吸收进作物体内,所以喷施时间一般选择在半阴天或晴天上午,十点以前,上午或傍晚,叶面气孔开放,气温不高,蒸发量小,易于吸收。如果在中午阳光强烈时,气孔关闭,蒸发量大,不易进入体内。因此,时间选择在 2019 年 6 月 28 日上午 07:00 至 10:00。在玉米拔节前,对玉米进行第一次追肥。试验时依次对玉米试验区 1 区至 9 区按照试验方法进行施肥,每个小区任意选择三株植株进行试验,试验前测量其叶面积、茎秆直径,叶面积利用软尺测量每个叶片的长度、宽度与高度,利用式(2-4)与式(3-2)计算并求和;茎秆直径利用游标卡尺进行测量。试验结束后,利用剪刀取出植株的地上部分,装入容器并利用蒸馏水进行淋洗,将洗涤液定容至 5 L。利用电导率仪测量其洗涤溶液的电导率值并利用式(3-1)计算单位面积植株的截肥量。具体如表 3-5 所示。

表 3-5　玉米拔节前期各个小区的植株叶片的冠层截肥量

区号	溶液平均电导率/（mS/cm）	单位面积植株的截肥量/（10^{-2} g/cm^2）
1	0.86	1.47de
2	0.88	1.72ef
3	0.74	1.96f
4	0.84	2.56bc
5	0.85	2.76ab
6	0.81	3.11a
7	0.83	1.83cd
8	0.75	2.11de
9	0.72	2.31ef

注:根据两因素三水平的完全正交试验设计,利用 DPS 软件进行正交试验方差分析,根据 Dunch 新复极差法进行方差分析,小写字母表示同列中的变量之间 $p<0.05$ 水平上差异显著。

从表 3-5 可以看出,利用 DPS 软件对不同处理的叶片截肥量进行分析,叶片截肥量最大值为 6 区,叶片截肥量最小值为 1 区。施肥方式对截肥量的影响为:MSS＞CPSM＞CPSM-MSS,即植株截肥量最小的为 CPSM-MSS,即边施肥边淋洗的组合施肥模式,说明在微喷施肥的同时,利用圆形喷灌机喷水进行淋洗,可以有效地降低植株叶片表面截留的肥量,避免喷洒叶面肥不当导致的叶片灼伤,CPSM-MSS 比 MSS 的叶片截肥量降低 61.90%,比 CPSM 的叶片截肥量降低 19.96%。说明当农户在短时期内施入大量肥料,为了避免肥料施入浓度过高给植株带来的叶片灼伤等损失,可以选择 CPSM-MSS 这种组合的施肥方式。

施肥量对叶片截肥量的影响为:N3>N2>N1,即高施肥量的叶片截肥量较高,分别比中施肥量高 11.11%,比低施肥量高 26.63%。说明高施肥量的叶片截肥量比较高,而降低施肥浓度可以有效降低由于喷洒肥料对叶片带来的灼伤。

3.2.3　玉米拔节后期的冠层截肥量

2019 年 7 月 8 日 07:00~11:00,在玉米拔节后,对玉米进行第二次追肥。试验时依次对玉米试验区 1 区至 9 区按照试验方法进行施肥,试验前分别在每个小区任意取三株植株,并且做好标记,测量其每片叶片长度、宽度、茎秆直径,利用式(2-4)与式(3-2)计算其叶面积并求和。每个小区施肥结束后,立即利用剪刀取走标记的玉米植株的地上部分,放入容器内,并用蒸馏水进行淋洗,将洗涤液定容至 5 L。利用电导率仪测量其电导率,计算其平均值,具体如表 3-6 所示。

表 3-6　玉米拔节后期各个小区的植株叶片的冠层截肥量

区号	溶液平均电导率/(mS/cm)	单位面积植株的截肥量/(10^{-2} g/cm^2)
1	0.48	0.87bc
2	0.43	0.71c
3	0.80	0.57c
4	0.65	0.93bc
5	0.59	1.02abc
6	0.69	1.27ab
7	0.56	1.42a
8	0.65	1.02abc
9	0.42	0.95abc

注:根据两因素三水平的完全正交试验设计,利用 DPS 软件进行正交试验方差分析,根据 Dunch 新复极差法进行方差分析,小写字母表示同列中的变量之间 $p<0.05$ 水平上差异显著。

从表 3-6 中可以看出,利用 DPS 软件对玉米拔节后期的叶片截肥量进行分析,单位面积平均叶片截肥量最大的为 7 区,其值为 1.42×10^{-2} g/cm^2;单位面积平均叶片截肥量最小的为 3 区,为 0.57×10^{-2} g/cm^2。施肥方式因素 $F_F = 7.832 \times 10^{-2}$、$P_F = 0.010\ 7$,施肥量因素 $F_N = 5.794 \times 10^{-2}$、$P_N = 0.024\ 1$。对于施肥方式,$MSS' = 1.13 \times 10^{-2}a > CPSM' = 1.07 \times 10^{-2}a > CPSM'\text{-}MSS' = 0.72 \times 10^{-2}b$,说明截肥量最小的为 CPSM-MSS,即边施肥边淋洗的组合施肥方式,这种施肥方式与其他两种施肥方式有显著性差异。

对于施肥量 N,$N_3' = 1.19 \times 10^{-2}a > N_2' = 0.91 \times 10^{-2}b > N_1' = 0.82 \times 10^{-2}b$,中施肥量与高施肥量有显著性差异,而中施肥量与低施肥量差异不明显,说明施肥量越小,叶片截肥量越小,为了避免植株叶片受到灼伤,需要将施肥量控制在高施肥量以下。

综上所述,对于玉米,边施肥边淋洗的组合施肥模式(CPSM-MSS)冠层截肥量最小,而对于相同的施肥方式,低浓度的施肥量玉米叶片的冠层截肥量最小。由于玉米在拔节期需要大量尿素,需要在短时间内施入,而喷灌水肥一体化由于肥液经过植株冠层后再进入土壤,为了避免由于肥液浓度高对玉米植株造成灼伤,边施肥边淋洗的组合施肥模式(CPSM-MSS)为较为理想的施肥方式,这种施肥方式可以实现边淋洗边施肥,施肥结束后,植株叶片的冠层截肥量较小,可以满足高效施肥,也不会对玉米植株造成损伤。但是无论是玉米在施尿素,还是磷酸二氢钾时,由于这些肥料易溶于水,喷灌水肥一体化后,植株的叶片、茎秆也会吸收一部分,但是相对根系,叶片吸收量较小,大量的营养元素是通过根系吸收的,叶面施肥只能起到补充作用(张承林等,2012)。因此,边施肥边淋洗的组合施肥模式适用于短时间内单次高效施入大量的可溶肥或者液态肥料。

3.2.4 大豆分枝期的冠层截肥量

2019 年 7 月 4 日 07:30~10:30,对大豆地进行施肥。试验时依次对大豆试验区 1 区至 9 区按照试验方法进行施肥,与玉米的试验方法类似,试验前在每个小区任意选取三株植株进行标记,然后测量每株植株的叶长、叶宽、株高、茎秆直径,并利用式(2-4)与式(3-2)计算其表面积。试验结束后立即利用剪刀取出标记大豆植株的地上部分,放入容器,并用蒸馏水进行淋洗,将洗涤液定容至 5 L。然后利用电导率仪测量每个小区淋洗后肥液的电导率,并利用式(3-1)计算其单位植株表面积的截肥量,具体如表 3-7 所示。

表 3-7 大豆分枝期各个小区的植株叶片的冠层截肥量

区号	溶液平均电导率/ (mS/cm)	单位面积植株的截肥量/ (10^{-2} g/cm^2)
1	0.64	8.40e
2	0.75	11.43c
3	0.66	13.12bc
4	0.77	9.88d
5	0.72	8.93de
6	0.67	5.97f
7	0.78	9.19de
8	0.80	14.21b
9	0.80	18.37a

注:根据两因素三水平的完全正交试验设计,利用 DPS 软件进行正交试验方差分析,根据 Dunch 新复极差法进行方差分析,小写字母表示同列中的变量之间 $p<0.05$ 水平上差异显著。

同样利用 DPS 软件对大豆植株的叶片截肥量进行显著性分析,如表 3-7 所示。叶片截肥量最大的为 9 区,单位面积的叶片截肥量为 18.37×10^{-2} g/cm^2;叶片截肥量最小的为 6 区,单位面积的叶片截肥量为 5.97×10^{-2} g/cm^2。施肥方式因素 $F_F = 11.786\times10^{-2}$,$P_F = 0.021 < 0.05$,施肥量因素 $F_N = 13.168\times10^{-2}$,$P_N = 0.017\ 4 < 0.05$,因此这两个因素对植株叶片截肥量的影响均显著。对于施肥方式 F,$MSS' = 13.93a > CPSM' = 10.98ab > CPSM'-MSS' = 8.26b$,说明截肥量最小的为边施肥边淋洗的组合施肥模式(CPSM-MSS),这种施肥方式与其他两种施肥方式有显著差异。

对于施肥量 N,$\overline{N}_3 = 13.79a > \overline{N}_2 = 11.52a > \overline{N}_1 = 7.85b$,说明施肥量

越小,叶片截肥量越小,为了避免植株叶片受到灼伤,需要控制施肥浓度在一定的范围之内。

3.2.5　大豆开花期的冠层截肥量

2019年7月19日07:30~10:30,对大豆试验地进行施肥。试验时依次对大豆试验区1区至9区按照试验方法进行施肥,试验方法与大豆分枝期相同,试验前首先每个小区任意取三种大豆植株并做标记,然后测量每株植株的叶长、叶宽、株高、茎秆直径,并利用式(2-4)与式(3-2)计算其表面积。每个小区施肥结束后立即利用剪刀取走大豆植株的地上部分,放入容器内,用蒸馏水洗涤,并定容至5 L,然后用电导率仪测量每个容器内肥液电导率值,利用式(3-1)计算单位植株表面积的截肥量如表3-8所示。

表3-8　大豆开花期各个小区的植株叶片的冠层截肥量

区号	溶液平均电导率/ （mS/cm）	单位面积植株的截肥量/ （10^{-2} g/cm^2）
1	0.68	5.49e
2	0.57	5.81d
3	0.67	5.93d
4	0.54	5.36e
5	0.67	5.05f
6	0.56	4.86g
7	0.62	6.18c
8	0.65	6.47b
9	0.78	9.61a

注:根据两因素三水平的完全正交试验设计,利用 DPS 软件进行正交试验方差分析,根据
　　Dunch 新复极差法进行方差分析,小写字母表示同列中的变量之间 $p<0.05$ 水平上差异
　　显著。

　　同样利用 DPS 软件对大豆植株的叶片截肥量进行显著性分析,如表 3-8 所示。叶片截肥量最大的为 9 区,单位面积的叶片截肥量为 9.61×10^{-2} g/cm^2;叶片截肥量最小的为 6 区,单位面积的叶片截肥量为 4.86×10^{-2} g/cm^2。施肥方式因素 $F_F = 4.478 \times 10^{-2}$,$P_F = 0.0953 > 0.05$,施肥量因素 $F_N = 1.8780 \times 10^{-2}$,$P_N = 0.2660 > 0.05$,施肥方式与施肥量对叶片截肥量的影响均不显著。对于施肥方式 F,$MSS' = 7.42 \times 10^{-2}$a > CPSM$' = 5.75 \times 10^{-2}$ab > CPSM$'$-MSS$' = 5.09 \times 10^{-2}$b,说明截肥量最小的为边施肥边淋洗的组合施肥模式(CPSM-MSS),这种施肥方式与其他两种施肥方式有显著差异。

　　对于施肥量 N,$\overline{N}_3 = 6.97 \times 10^{-2}$a > $\overline{N}_2 = 5.78 \times 10^{-2}$a > $\overline{N}_1 = 5.51 \times 10^{-2}$a,说明施肥量越小,叶片截肥量越小,为了避免植株叶片受到灼伤,需要控制施肥浓度在一定的范围之内。

3.3　讨　论

　　水肥一体化是灌溉与施肥的完美结合,本次试验针对近些年在黑龙江省得到推广的圆形喷灌机设计了三种水肥一体化施肥方式,实现了利用一台喷灌机可以满足三种水肥一体化的施肥模式,即圆形喷灌机水肥一体化施肥模式(CPSM-based mode)、微喷系统水肥一体化施肥模式(MSS-based mode)、边施肥边淋洗的组合施肥模式(CPSM-MSS-based mode),并且对这三种施肥模式的施肥均匀度与喷洒肥液水深分布进行了分析与计算,由于喷灌以类似于降水的模式经过作物冠层截留进入土壤,这也就恰好促成了喷灌水肥一体化可以喷洒叶面肥,达到作物叶片与茎秆、根系同时吸收养分的目的。提高了肥料利用率,降低了农业生产成本,可以根据作物的需要合理搭配肥料,提高农产品品质与抗逆能力,通过微喷系统水肥一体化模式(MSS-based mode)进行水肥药一体化还可以有效控制作物的病虫害,避免土壤板结,肥力下降,实现农业的可持续发展。

　　叶面喷施也叫根外施肥,叶面喷施是通过叶面气孔吸收进作物体内,所以喷施时间一般选择在半阴天或晴天上午,十点以前,或下午三点以后,叶面、叶背面都尽量喷到为好,上午或傍晚,叶面气孔开放,气温不高,蒸发量小,易于吸收。如在中午阳光强烈时,气孔关闭,蒸发量大,不易进入体内。叶面施肥效果好坏与温度、湿度、风力等均有直接关系,进行叶面喷施最好选择无风阴天或湿度较大、蒸发量小时进行。当利用机组喷药时,如遇喷后 3~4 h 小雨,则需要进行补喷。

叶面肥特点为:持效期短,见效快,施肥方便,成本低,增产明显,增强抗病性。喷灌水肥一体化均将肥液喷洒入空中,然后肥液经过植株冠层叶片、茎秆截留后再进入土壤,相当于肥液先经过植株叶片、茎秆吸收后进入土壤,再让植株根系吸收。这种施肥方式的最大特点是使用化肥必须易溶于水,或者是液态肥。这种施肥方式相当于喷洒了叶面肥,叶片与根系可以同时吸收肥料养分,提高肥料的利用率,这种施肥方式不仅可以满足施肥的需要,还可以同时喷洒农药,节约劳力,这是传统人工撒施与滴灌水肥一体化所不具备的特点。喷灌水肥一体化最应该注意的为选择适当的喷施浓度,叶面肥浓度直接影响施肥效果,如果溶液浓度过高,则喷洒后易灼伤叶片;如果溶液浓度过低,则影响肥效。本次试验设置高、中、低三种施肥浓度,分别选择玉米与大豆两个生育期进行冠层截肥试验,结果均表明,冠层截肥量均为 N3>N2>N1,且差异显著,说明降低施肥浓度是减少作物冠层截肥量的有效方法,为了避免作物因肥液浓度过高而受到伤害,应该严格控制肥液浓度在合理范围之内。

本次试验通过对玉米拔节前期与拔节后期,大豆分枝期与开花期进行三种施肥模式与三种施肥浓度共 9 组试验的作物冠层截肥量进行分析得出,边施肥边淋洗的组合施肥模式(CPSM-MSS-based mode)的冠层截肥量最低,说明施肥的过程中对作物同时进行淋洗有效地降低了作物冠层对肥液的截留量,但是这种施肥模式比较适合于根系吸收量较大的肥料,比如尿素,这种施肥方式可以满足在短时间的快速施入,而对于喷洒叶面肥或者喷洒农药时,这种施肥方式由于经过了清水淋洗,降低了肥料或者农药的效果。作物叶片对肥料的吸收量相对较少,叶面的喷肥只能起到补充作用,但是当作物出现一些缺少微量元素或者出现病虫害时又不得不喷洒一些微量的元素或者农药,这时候微喷系统水肥一体化施肥模式(MSS-based mode)最为合适。圆形喷灌机水肥一体化模式施肥均匀度最高,为 91.50%,分别比微喷系统水肥一体化施肥模式(MSS-based mode)高 43.52%,比边施肥边淋洗的组合施肥模式(CPSM-MSS-based mode)高 14.09%,圆形喷灌机水肥一体化可以实现对作物进行均匀的施肥。

3.4　结　论

本次试验针对东北地区推广应用比较多的圆形喷灌机,设计了三种水肥一体化施肥模式,分别为圆形喷灌机水肥一体化施肥模式(CPSM-based mode)、微喷系统水肥一体化施肥模式(MSS-based mode)、边施肥边淋洗的组合施肥模式(CPSM-MSS-based mode),实现了"一机多用""一喷多防"的目的,提高了机组的利用效率。

(1)本次试验首先针对这三种不同的水肥一体化施肥方式,进行了三种不同运行速度的施肥量分布与肥液喷洒均匀度的试验计算与分析,结果表明:圆形喷灌机水肥一体化(CPSM-based mode)施肥均匀度为 91.50%,微喷系统水肥一体化(MSS-based mode)施肥均匀度为 63.75%,边施肥边淋洗的组合施肥模式(CPSM-MSS-based mode)的施肥均匀度为 80.20%,说明圆形喷灌机水肥一体化的施肥均匀度最高,其次是边施肥边淋洗的组合的施肥模式,而微喷系统水肥一体化施肥模式均匀度较低,可能与微喷头的安装间距较小或者微喷头的喷幅较小有关。

(2)本次试验针对黑龙江地区种植最为广泛的玉米与大豆两种农作物,对玉米拔节前期与拔节后期,大豆分枝期与开花期,分别设置三种施肥方式,三种施肥浓度共 9 组试验,分别计算其冠层截肥量,最终结果为边施肥边淋洗这种施肥方式的作物冠层截肥量最低,其次是圆形喷灌机水肥一体化施肥模式,冠层截肥量最高的为微喷系统水肥一体化施肥模式,因此三种施肥方式可以针对不同用途发挥不同的效果,使机组的利用率达到最大化。

当作物在短时间需要施入量比较大的肥料时,可以选择边施肥边淋洗的组合施肥模式(CPSM-MSS-based mode),这种施肥模式由于施肥时对作物冠层进行了淋洗,对肥液浓度要求相对较低,可以适当提高肥液的浓度,达到快速施肥的目的,提高了施肥的速效;当作物需要少量微量肥或者需要进行病虫害防治时,可以选择微喷系统水肥一体化施肥模式(MSS-based mode),这种施肥模式主要针对叶面肥、杀虫剂、生长调节剂等,由于微喷头对系统压力要求低,喷洒强度也低,对作物生长早期的嫩芽水滴打击强度较小,因此对作物生育早期的施肥打药也较为适合,当出现连续降雨天气,作物不需要补充水分,又需要补充肥料或者打药时,微喷水肥一体化由于整体流量较低,因此选择这种施肥模式可以满足施肥或者打药,而不补水的目的;圆形喷灌机水肥一体化(CPSM-based mode)由于具有较高的施肥均匀度,当作物施肥需要较高均匀性施肥时,可以选择此施肥方式。

(3)建议叶面肥与土壤施肥相结合。因为根部比叶部有更大、更完善的吸收系统,对量大的营养元素,如 N、P、K,据测定需要 10 次以上的叶面肥才能达到根部吸收养分的总量。因此,总的建议为播种的同时施入固体底肥,然后通过水肥一体化的方式对作物进行追肥,可以达到植株叶片与根系均能吸收肥料养分的目的。

第4章 不同水肥一体化模式对连作玉米产量与土壤水肥分布的影响

玉米由于产量高、发生病虫害的概率小,是许多国家种植最广泛的粮食作物之一。许多学者通过探求不同的耕种方式与种植方式来获取玉米的高产,例如,ZHANG等(2018a)等探究了免耕、少耕、连续耕三种耕作方式对玉米产量的影响;KAUR等(2019)试图通过深耕和残茬覆盖以提高玉米产量;ZHANG等(2019b)通过秸秆还田来提高玉米产量;ZHANG等(2019a)通过垄沟覆盖的方式提高中国西北地区玉米的产量;GUO等(2019)采用玉米-小麦轮作的种植模式,并且采取免耕、覆膜耕作方式,来提高作物产量。还有不少学者利用模型来模拟玉米产量,CHAUHDARY等(2019)利用滴灌模型模拟来预测玉米的经济产量;DOKOOHAKI等(2016)通过两种模型的对比,来模拟玉米产量与土壤含水量;LIU等(2017)通过模型模拟玉米产量与累计灌水量之间的关系;YANG等(2017)将气候模型与作物模型相结合来预测玉米产量。

为了获取高产,化肥使用量也日益增加。而在玉米生育期内,氮肥施用量过多,减少了土壤微生物量、细菌丰度和系统发育多样性,破坏了生态系统的可持续性。为了实现资源的有效利用,减少温室气体排放,有的学者认为减少化肥的使用量是有效的方法;ZHANG等(2018b)认为免耕低施肥是田间水土保持的最佳管理模式;也有的学者利用控释尿素来代替尿素的方法,来减少化肥的污染;也有的学者在作物轮作中引入豆科植物,来提高土壤的固氮能力,减少氮肥的施入,提高农业系统的可持续性。

虽然国内外对玉米生长性状与产量的研究较多,但是大多数灌水方为沟灌、漫灌、覆膜垄沟灌溉、覆膜滴灌,施肥方式有的为人工洒施的方式,也有不少针对滴灌水肥一体化、微喷灌水肥一体化、喷灌水肥一体化,但是不同水肥一体化模式的对比研究的人相对较少。

本次试验以东北地区种植较多的玉米为研究对象,研究圆形喷灌机不同水肥一体化施肥模式对玉米生长性状、产量与土壤水肥时空变化的影响,解决东北地区玉米灌水与施肥效率低下、面源污染严重的问题,探索不同灌水量、施肥量、水肥一体化施肥方式对玉米生长发育与产量的影响,探寻最佳灌水量、施肥量与水肥一体化方式,研究土壤水肥时空变化的规律。

4.1　试验材料与方法

试验地位于黑龙江省水利科技试验研究中心,试验区属于中温带大陆性季风气候,海拔为 152 m,全年平均降水量 569.1 mm,降水主要集中在 6~9 月。试验区土壤类型为粉砂质壤土,耕层土壤有机质的平均值为 2.91%,硝态氮质量比的平均值为 20.91 mg/kg,全氮质量比的平均值为 1.689 g/kg,全磷质量比的平均值为 0.731 g/kg,全钾质量比的平均值为 18.525 g/kg,碱解氮质量比的平均值为 135.88 mg/kg,有效磷质量比的平均值为 9.16 mg/kg,速效钾质量比的平均值为 164.80 mg/kg,土壤 pH 的平均值为 8.31。灌溉水源为地下水,地下水埋深 60 m。

4.1.1　田间试验布置

试验采取玉米 2017 年、2018 年两年连作模式。2017 年与 2018 年的种植作物情况如图 4-1 所示。

2018 年与 2017 年在 A 区均种植大豆,在 B 区均种植玉米,试验主要在 2018 年开展,2018 年玉米的生长周期为 4 月 27 日至 9 月 22 日。试验地玉米供试品种为天农九,玉米播种深度为 5 cm,行距 68 cm,株距 33 cm。采用机械条播方式,播种时同时加入底肥,基肥采用统一处理,施入底肥品种为磷酸二铵($N+P_2O_5 \geqslant 64.0\%$)、复合肥($N+P_2O_5+K_2O \geqslant 45\%$),磷酸二铵与复合肥的比例为 1:2 混合后施入。施肥量为 475 kg/hm²,转化为肥料纯养分($N+P_2O_5+K_2O$)为 244 kg/hm²。涉及

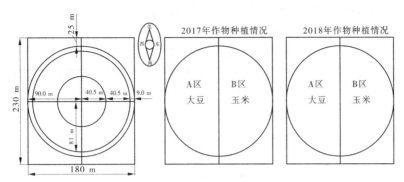

图 4-1　试验地块尺寸与作物种植情况布置

灌水量(W)、施肥量(N)、施肥方式(F)三个因素,每个因素均设置三个水平,如果要全面做试验,需要做 3^3 即 27 组试验的分布情况,根据多因素的正交试验,试验采用三因素三水平的正交试验设计,即正交表 $L_9(3^4)$。由于正交表安排的试验方案有很强的代表性,且能全面反映各因素各水平对指标影响的大致情况,而且减少了试验次数。试验方案设计如表 4-1 所示,试验序号 1~9 分别对应玉米试验地的 1 区至 9 区。

表 4-1　田间试验设计

试验序号	灌水量 W	施肥量 N	施肥方式 F	误差项 E	水平组合
1	1	1	1	1	W1N1F1
2	1	2	2	2	W1N2F2
3	1	3	3	3	W1N3F3
4	2	1	2	3	W2N1F2
5	2	2	3	1	W2N2F3
6	2	3	1	2	W2N3F1
7	3	1	3	2	W3N1F3
8	3	2	1	3	W3N2F1
9	3	3	2	1	W3N3F2

试验的9个处理,在喷灌机沿着圆周顺时针方向每隔18°设置1个处理为1个小区,共9个小区,分别为1区,2区,3区,…,9区。喷灌机每个小区的试验取样点设置3个重复,设置在第一跨与第二跨控制范围内,其中第一跨控制面积内取一个样点,第二跨控制面积内取两个样点,每个小区取样点的面积均为7 m×5 m。各个小区在圆形喷灌机的控制面积与取样点范围具体布置见图4-2。试验期间各处理的除草、打药等田间管理均保持一致。

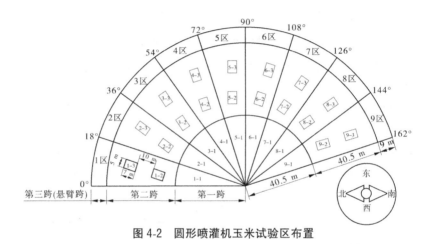

图4-2　圆形喷灌机玉米试验区布置

玉米生育期的划分如表4-2所示。从表4-2可以看出,玉米整个生育期为148 d。

表4-2　玉米生育期的划分

日期(月-日)	生育时期	历经天数/d
4-27	播种期	0
4-28~5-17	苗期	20
5-18~6-30	拔节期	44
7-1~8-31	抽穗灌浆期	62
9-1~9-22	成熟期	22
合计		148

玉米各个生育期的灌水量如表 4-3 所示。其中低灌水量(W1)灌溉选取田间持水量的 60%,中灌水量(W2)灌溉选取田间出水量的 80%,高灌水量(W3)灌溉选取田间持水量的 100%。同时将玉米追肥时灌入的水量累计计入灌水量。

表 4-3　玉米各个生育期的灌水量　　　单位:mm

灌水水平	5 月 7 日	5 月 20 日	6 月 2 日	8 月 7 日	合计
W1	27.97	27.97	27.97	2.00	85.91
W2	37.30	37.30	37.30	3.73	115.63
W3	46.62	46.62	46.62	5.00	144.86

其中玉米施肥日期为玉米抽穗灌浆期,为 2018 年 8 月 5 日。玉米各个生育期的施肥量如表 4-4 所示,追肥品种为磷酸二氢钾($KH_2PO_4 \geqslant$ 99%)、尿素[$CO(NH_2)_2 \geqslant 46.4\%$]。其中,玉米的低施肥量(N1)设置为高施肥量(N3)的 50%,中施肥量(N2)设置为高施肥量(N3)的 75%。

表 4-4　不同处理条件下玉米的肥料用量　　　单位:kg/hm²

追肥处理	底肥	追肥量		追肥总量	施肥总量	肥料纯养分
		磷酸二氢钾	尿素			
N1	475	1.50	75.0	76.50	551.5	280.3
N2	475	2.25	112.5	114.75	589.8	298.4
N3	475	3.00	150.0	153.00	628.0	316.6

施肥方式采用三种方式:第一种方式为微喷系统水肥一体化施肥模式,即 MSS-based mode(F1),第二种方式为圆形喷灌机水肥一体化施肥模式,即 CPSM-based mode(F2),第三种方式为边施肥边淋洗的组合施肥模式,即 CPSM-MSS-based mode(F3)。

4.1.2　测定项目及方法

4.1.2.1　气象数据

在试验站安装有田间气象站,可以实时监测气象数据,包括降雨量、气压、气温、相对湿度、蒸发量、风速、地温等指标。2018 年全年的气象情况如图 4-3(a)所示,可以看出,该地区降雨主要集中在 5～10月,而此阶段气温也较高,属于雨热同期,2018 年全年总降雨量为651.3 mm。玉米生育期的降雨量如图 4-3(b)所示。从图 4-3(b)可以看出,玉米整个生育期的降雨量为 563 mm,占全年总降雨量的 86.4%,基本可以保证玉米生育期内对水分的需求,但是玉米萌芽期的降雨量只有 1.3 mm,春旱是造成玉米出苗率低的主要原因之一。

4.1.2.2　玉米生长性状指标

分别在玉米各个生育期末,测量玉米的株高、叶面积。玉米的株高使用卷尺测量,叶面积采用软尺测量玉米的叶长、叶宽,再用式(2-4)进行计算。具体方法是在各个不同处理试验地中,分别随机选取 3 个7 m×5 m 的重复小区,如图 4-2 所示,在每个重复小区中任意选取 3 株玉米植株,进行标记,一共 9 棵植株,量取每棵玉米的株高、叶面积并取平均值,作为最终结果。

4.1.2.3　玉米的产量指标

玉米产量构成因素指标:在玉米成熟期测产,在各个处理小区内随机选取面积为 1.5 m×1.5 m 的三块试验地,进行脱粒、测产,脱粒之前同时测量各个小区玉米穗粗、穗长、每穗粒数、每穗行数等指标,玉米脱粒后烘干,折算成单位面积籽粒产量(kg/hm^2),测量玉米的百粒重。并计算不同处理玉米的肥料偏生产力。肥料偏生产力(PFP)指施用某一特定肥料下的作物产量与施肥量的比值。它是反映当地土壤基础养分水平和化肥施用量综合效应的重要指标。一般可以用式(4-1)进行计算:

$$PFP = Y/F \qquad\qquad (4\text{-}1)$$

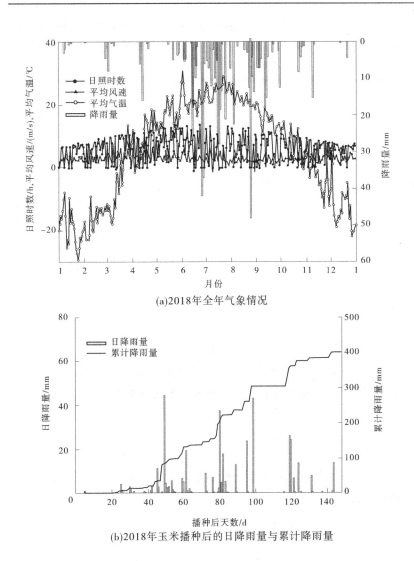

(a)2018年全年气象情况

(b)2018年玉米播种后的日降雨量与累计降雨量

图4-3　2018年试验地气象情况

式中:PFP 为肥料偏生产力,kg/kg;Y 为对应施肥料的产量,kg/hm^2;F 为投入肥料(肥料纯养分)的质量,kg/hm^2。

同时计算作物的灌溉水分生产率 IWP,灌溉水分生产率指单位灌溉水量所能生产的农产品的数量。灌溉水分生产率能综合反映灌区的农业生产水平、灌溉工程状况和灌溉管理水平,直接显示出在灌区投入的单位灌溉水量的农作物产出效果。一般可以用式(4-2)进行计算:

$$IWP = \overline{Y}/I \tag{4-2}$$

式中:IWP 为灌溉水分生产率,kg/m^3;$\overline{Y}$ 为对应灌溉水量的产量,kg/hm^2;I 为灌溉水量,m^3/hm^2。

4.1.2.4　玉米土壤含水率的测定

试验采用 XS1 型土壤水分测试仪,XS1 型土壤水分测试仪由 SS1 型土壤水分传感器和测量仪表两部分组成,测量数据为体积含水率,单位为 m^3/m^3。取样方法是在玉米试验地,试验从玉米进入抽穗灌浆期开始(2018 年 7 月 1 日)至玉米成熟期结束(2018 年 9 月 22 日),每间隔 10 d 左右取土一次,取土日期分别为:7 月 3 日、7 月 15 日、8 月 15 日、8 月 27 日、9 月 6 日、9 月 15 日,每个小区取 3 个点作为重复。每个取样点间隔 10 cm 取一层,取土深度为 100 cm。

4.1.2.5　玉米土壤养分指标的测定

XS1 型土壤水分测试仪安装有取土钻和测试杆,每次取土时,除了测量土壤含水率,取出的土样同时测量土壤的碱解氮、有效磷、速效钾、有机质的含量与 pH。其中,土壤碱解氮采用碱解扩散法进行测定,单位为 mg/kg;有效磷利用比色法进行测定,单位为 mg/kg;速效钾利用火焰光度法进行测定,单位为 mg/kg;有机质含量利用重铬酸钾容量法测定;土壤 pH 利用电位测定法进行测定。测量时均将土样自然风干、过筛后进行测定。

4.1.3　数据处理方法

采用 Excel 2010 和 DPS 数据处理系统 V9.01 进行数据分析,并且采用 Excel 2010、SigmaPlot 14.0 和 AutoCAD 2007 进行绘图。

4.2　结果与分析

4.2.1　不同处理对玉米生长性状的影响

4.2.1.1　不同处理对玉米株高的影响

株高是表现作物生长发育的一个重要指标,可以判断作物生长状况,估算作物产量。不同处理对玉米株高的影响如图 4-4 所示。从图 4-4 可以看出,在苗期,只有灌水量(W)对株高产生显著性差异,由于苗期没有施肥,施肥量与施肥方式对株高均未产生显著性差异。其中,苗期株高最大的为中水灌溉 5 区(W2N2F3),株高为 99.83 cm;株高最小的为 1 区(W1N1F1),株高为 64.83 cm。其中,中水处理 W2 与高水处理 W3 没有显著性差异,中水处理 W2 与低水处理 W1 有极显著差异,由于玉米早期根系较小,适当地减少灌水量并不会引起苗期株高的降低,在生育早期适量灌溉反而有助于苗期株高的增长,由于苗期东北地区地温较低,昼夜温差大(KAUR 等, 2019),过量灌溉会使土壤孔隙度减少,影响玉米出苗,过量灌溉反而不利于玉米苗生长发育。

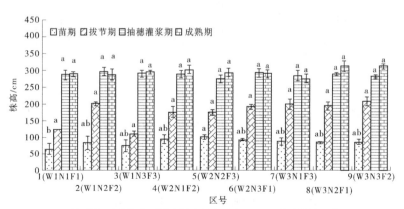

注:同一生育期内不同小写字母表示在 $p<0.05$ 水平差异显著。

图 4-4　不同处理条件下玉米株高的变化

4.2.1.2　不同处理对玉米叶面积的影响

叶面积是与产量关系最密切的一个参数,合理的叶面积具有显著增产作用。不同处理的叶面积如图 4-5 所示。从图 4-5 可以看出,苗期玉米叶面积最大的为 5 区(W2N2F3),其值为 2 955.59 cm²;叶面积最小值为 1 区(W1N1F1),其值为 1 175.85 cm²。苗期灌水量对叶面积的影响达到显著性差异,说明生育早期对水的敏感程度较高。拔节期各个小区的叶面积迅速增长,此时最大值为 9 区(W3N3F2),其值为 5 196.71 cm²;叶面积最小值仍然为 1 区(W1N1F1),其值为 3 959.57 cm²,拔节期灌水量对叶面积的影响仍然显著。抽穗灌浆期叶面积最大的为 2 区(W1N2F2),其叶面积为 8 464.10 cm²;叶面积最小的区为 5 区(W2N2F3),其值为 6 660.49 cm²。抽穗灌浆期,各个小区的叶面积达到了生育期内的峰值,此时是营养生长与生殖生长的旺盛时期。抽穗灌浆期,灌水量与施肥方式对叶面积的影响均显著,而施肥量对叶面积的影响不显著。成熟期,各个小区的叶面积没有显著性差异。

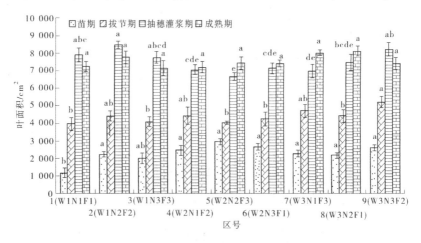

注:同一生育期内不同小写字母表示在 $p<0.05$ 水平差异显著。

图 4-5　不同处理条件下玉米叶面积的变化

4.2.1.3　不同处理对玉米根长的影响

根系是作物生长的重要器官,与产量形成密切相关(楚光红等,2018)。不同处理对玉米产量指标与产量的影响如表 4-5 所示。从

表 4-5 可以看出,苗期灌水量对根长的影响显著,其中高灌水量(W3)>
中灌水量(W2)>低灌水量(W1),由于苗期玉米春旱严重,增加灌水量可
以促进根的迅速生长。拔节期,灌水量对根长的影响仍然显著,中灌水
量(W2)条件下的玉米根长与低灌水量(W1)条件下的根长有显著性差
异,而与高灌水量(W3)条件下的玉米根长没有显著性差异,这主要是由
于拔节期东北地区降雨量逐渐增多,中灌水量已经可以满足玉米根长生
长的需要,说明适当地减少灌水量对拔节期的玉米根长没有影响。抽穗
灌浆期由于补施了灌浆肥,此生育期的玉米根长迅速生长,此生育期由
于东北地区进入了雨季,雨热同期,因此灌水量对玉米根长的影响不显
著,而施肥量与施肥方式对玉米根长的影响均达到了显著水平,具体表
现是低施肥量(N1)>高施肥量(N3)>中施肥量(N2),说明抽穗灌浆期过
量施肥反而抑制根长的生长发育,少量施肥可以促进根长的生长,从经
济角度考虑,建议选择低施肥量。施肥方式具体表现是 F3 与 F2 没有显
著性差异,而 F3 与 F1 有显著性差异,具体表现为根长 F3>F2>F1。成熟
期玉米已经进入成熟阶段,此阶段各个因素对根长的影响均不显著。

表 4-5　不同处理对玉米根长的影响

区号	不同生育期根长/cm			
	苗期	拔节期	抽穗灌浆期	成熟期
1 区	14.5d	16.1b	31.8b	35.5a
2 区	16.4cd	17.65b	25.8cd	38.4a
3 区	18.9cd	19.05b	32.3b	38.8a
4 区	20.4bcd	23.5ab	37.2a	43.1a
5 区	20.8bc	23.5ab	26.9cd	37.5a
6 区	25.3ab	25.15ab	25.6d	52.4a
7 区	26.8a	23.6ab	38.3a	41.2a
8 区	30.2a	28.7ab	21.2e	35.4a
9 区	30.9a	36.6a	29.7bc	48.3a

注:根据三因素三水平的正交试验设计,利用 DPS 软件进行正交试验方差分析,根据最小
显著差数法(LSD 法)进行等重复单因素的多重比较,小写字母表示同列中的变量之间
$p<0.05$ 水平上差异显著。

4.2.2　不同处理对玉米产量指标的影响

不同处理对玉米产量指标的影响如表 4-6 所示。从表 4-6 可以看出,穗长最大的为 6 区,其次为 5 区,穗长最小的为 2 区,其次为 9 区,其中,施肥方式对穗长的影响显著,施肥方式 F1 条件下的穗长最大,平均值为 22.03 cm,最小的为施肥方式 F2,穗长为 20.66 mm,F1 与 F3 差异不显著,F1 与 F2 差异显著。

表 4-6　不同处理对玉米产量指标的影响

区号	穗长/cm	秃尖长/cm	百粒重/g	产量/(kg/hm²)	肥料偏生产力/(kg/kg)	灌溉水分生产率/(kg/m³)
1	22.36a	2.08ab	24.49d	10 324.8c	36.83bc	12.01b
2	20.12b	0.84cd	24.9bcd	12 076.59ab	40.47ab	14.05a
3	21.31ab	0.9cd	26.41ab	10 399.61c	32.85c	12.1b
4	21.59ab	2.22a	24.84cd	11 950.93ab	42.64a	10.33d
5	22.41a	0.63d	26.22abc	12 807.22a	42.92a	11.07c
6	22.54a	1.16bcd	26.84a	10 980.82bc	34.68c	9.49e
7	22.22a	1.94ab	25.5abcd	11 216.65bc	40.02ab	7.74g
8	21.18ab	0.8cd	26.86a	12 589.79a	42.19a	8.69f
9	20.28b	1.68abc	26.81a	11 403.38bc	36.02bc	7.87g

注:根据三因素三水平的正交试验设计,利用 DPS 软件进行正交试验方差分析,根据最小显著差数法(LSD 法)进行等重复单因素的多重比较,小写字母表示同列中的变量之间 $p<0.05$ 水平上差异显著。

不良的水肥管理会导致玉米籽粒不饱满,玉米穗尖部位出现空粒的现象,秃尖长的大小会影响玉米的产量,玉米生育阶段水肥充足,玉米籽粒饱满,秃尖长较小,否则秃尖长较大。秃尖长最大的为 4 区,最小的为 5 区,其中施肥量(N)对秃尖长的影响显著,秃尖长最大的为低施肥量(N1),秃尖长为 2.08 cm;其次为高施肥量(N3),秃尖长为 1.25

cm;最小的为中施肥量(N2),秃尖长为 0.76 cm。说明在玉米抽穗灌浆期适当地增加施肥量可以减小玉米穗的秃尖长,使玉米籽粒较为饱满,空粒减少,建议采用中施肥量。

对于玉米百粒重,最大的为 8 区,最小的为 1 区。其中,灌水量(W)与施肥量(N)对玉米百粒重影响显著,具体表现为高灌水量(W3)>中灌水量(W2)>低灌水量(W1),高灌水量(W3)玉米籽粒百粒重为 36.94 g,与中灌水量(W2)玉米籽粒百粒重 36.36 g 差异不明显,与低灌水量籽粒百粒重 35.38 g 差异显著。从经济角度考虑,建议采用中灌水量。而施肥量对玉米籽粒百粒重的影响,同样的高施肥量(N3)>中施肥量(N2)>低施肥量(N1),但是高施肥量的籽粒百粒重为 37.36 g,与中施肥量籽粒百粒重(36.39 g)没有显著性差异,而与低施肥量(N3)的籽粒百粒重(34.92 g)差异明显,从经济的角度考虑,建议采用中施肥量。

最终玉米产量最大值为 5 区(W2N2F3),其值为 12 807.22 kg/hm²;最小值为 1 区(W1N1F1),其值为 10 324.8 kg/hm²。其中灌水量与施肥量对玉米产量影响显著,而施肥方式对玉米产量出影响不显著。具体表现为中灌水量(W2)>高灌水量(W3)>低灌水量(W1),玉米灌溉建议采用中灌水量;中施肥量(N2)>低施肥量(N1)>高施肥量>(N3),建议采用中施肥量的施肥方式。由于 3 种施肥方式对玉米产量的影响不显著,为获得高产,建议选取的施肥方式为第 3 种施肥方式(F3),即边施肥边淋洗的组合施肥方式。最终玉米产量最高的组合建议采用 W2N2F3 的灌水施肥组合方式。

利用式(4-1)和式(4-2)计算出玉米的肥料偏生产力与灌溉水分生产率。对于肥料偏生产力,最大值为 5 区(W2N2F3),其肥料偏生产力为 42.92 kg/kg;最小值为 3 区(W1N3F3),其值为 32.85 kg/kg。对于施肥量因素对肥料偏生产力的影响仍然为 N2>N1>N3。建议采用中施肥量(N2)来获取较大肥料偏生产力。而对于灌溉水分生产率,低灌水量(W1)>中灌水量(W2)>高灌水量(W3)。因此,如果从灌溉水分生产率最高的角度考虑,低灌水的灌溉水分生产率最高,但是结合产量因素,建议选择中灌水量(W2)来获取高产。

4.2.3　不同处理条件下玉米土壤水分的时空变化规律

玉米的抽穗灌浆期是玉米整个生育周期形成产量的最重要时期，也是水肥需求量最大的时期，如果这一时期水分供应不足，不但会造成雄花生长与雌穗抽丝生长时间间隔太长，授粉不良的现象，还会影响玉米对养分的吸收，通常称这种现象叫"卡脖旱"。玉米抽穗灌浆期至玉米成熟期，也是一个比较长的时期，玉米灌浆期水分补充不足，会造成籽粒干瘪，干物质运送不快，反而会影响干物质的形成。试验从玉米进入抽穗灌浆期开始（2018 年 7 月 1 日）至玉米成熟期结束（2018 年 9 月 22 日），每间隔 10 d 左右取土一次，取土日期分别为：7 月 3 日、7 月 15 日、8 月 15 日、8 月 27 日、9 月 6 日、9 月 15 日，每个小区取 3 个点，绘制各个小区的各个土层土壤含水率随抽穗灌浆后天数的变化如图 4-6 所示。从图 4-6 可以看出，以玉米抽穗灌浆后 62 d 为分界线，玉米抽穗灌浆后 0~62 d 的含水率低于 62 d 以后的土壤含水率，原因是玉米抽穗灌浆期为 7 月与 8 月，此阶段玉米处于生长旺季，消耗水量较大，且此阶段气温较高，土壤水分蒸发与作物蒸腾作用强烈，导致土壤含水率数值较低。而玉米抽穗灌浆的 62 d 以后进入了成熟期，玉米成熟期对水分的消耗较小，此时哈尔滨地区进入 9 月，气温逐渐降低，土壤水分蒸发与作物蒸腾作用减弱，因此出现降水后，土壤水分含量较大，甚至出现接近或者高于田间持水率的现象，虽然抽穗灌浆期的降雨量达到了 294 mm，而成熟期的降雨量仅为 61.9 mm，但是玉米成熟期的土壤含水率仍然较高。从图 4-6 中可以看出，土壤水分主要集中在 0~80 cm 的土层，说明喷灌水包括降雨经过渗透后主要集中在 80 cm 土层以上。对于抽穗灌浆期，土壤水分显示高水>中水>低水，即土壤水分：1 区（W1N1F1）< 4 区（W2N1F2）< 7 区（W3N1F3）；2 区（W1N2F2）<5 区（W2N2F3）<8 区（W3N2F1）；3 区（W1N3F3）<6 区（W2N3F1）<9 区（W3N3F2）。玉米进入成熟期以后，茎秆与叶片的水分与养分向籽粒运输，对水分的消耗量大大减少，这一阶段避免过量灌溉，如果降水量适中，可以不进行灌溉；如果降雨量过大，降雨结束后还需要对玉米地及时排水，避免较大降水导致成熟期玉米倒伏而造成的减产。

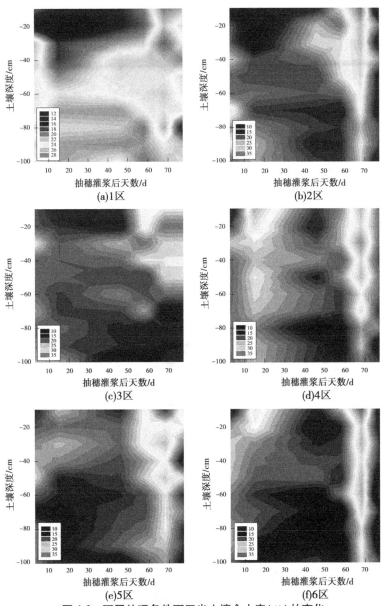

图 4-6　不同处理条件下玉米土壤含水率(%)的变化

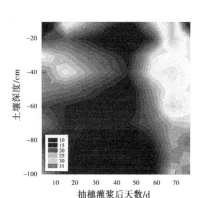

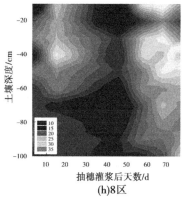

(g)7区 　 (h)8区

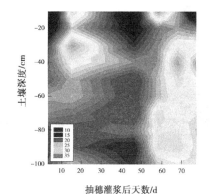

(i)9区

续图 4-6

4.2.4　不同处理条件下玉米土壤养分的时空变化规律

4.2.4.1　不同处理条件下玉米土壤碱解氮的时空变化规律

　　碱解氮又叫水解氮,它可以供作物近期吸收利用,故又称速效氮。速效氮主要由两部分组成:一种是无机氮,无机氮主要包括铵态氮、硝态氮;另一种是有机氮,有机氮的特点是易分解,结构简单,可以被植物直接吸收利用,包括氨基酸、酰胺、易水解蛋白质。

碱解氮含量的高低,取决于有机质含量的高低和质量的好坏以及放入氮素化肥数量的多少。有机质含量丰富,熟化程度高,碱解氮含量亦高,反之则含量低。碱解氮在土壤中的含量不够稳定,易受土壤水热条件和生物活动的影响而发生变化,但它能反映近期土壤的氮素供应能力。碱解氮含量作为植物氮素营养较无机氮有更好的相关性,所以测定碱解氮比测定铵态氮和硝态氮更能确切地反映出近期土壤的供氮水平。

各个小区的各个土层土壤碱解氮含量随抽穗灌浆后天数的变化如图 4-7 所示。从图 4-7 可以看出,土壤碱解氮主要分布在 0~60 cm 土层,而且越接近地表,土壤碱解氮含量越高,土壤碱解氮在 60~100 cm 土层含量较低,且在 80~100 cm 土层,含量在 20 mg/kg 以下,几乎为 0,这可能是由于碱解氮具有表聚现象。在玉米刚进入抽穗灌浆期时,土壤 0~40 cm 土层的碱解氮的含量相对较高,这是由于玉米地在播种时同时施入了底肥,因此土壤还有一定的地力,但是土壤碱解氮含量下降很快,这是由于拔节期玉米处于快速生长时期,已经消耗了土壤大量氮素,而这一时期也是玉米生长的关键期,玉米氮素大量消耗,被用于玉米生长发育。在 8 月 5 日,玉米进行了尿素追肥处理,尿素肥料的低、中、高水平分别为 75 kg/hm², 112.5 kg/hm², 150 kg/hm², 而经过农民丰产经验实地调查,农民尿素追肥量为 375 kg/hm²。因此,试验设计的尿素追肥量的低、中、高肥分别为农民经验施肥量的 20%、30%、40%,均不足当地农民尿素使用量的 1/2。追肥后,玉米土壤碱解氮没有迅速降低,持续到了玉米生长后期。从图 4-7 中也可以看出,不同土层碱解氮含量 1 区(W1N1F1)<2 区(W1N2F2)<3 区(W1N3F3),4 区(W2N1F2)<5 区(W2N2F3)<6 区(W2N3F1),说明对于低水与中水处理,各个土层碱解氮的含量随着追氮量的增加而增加,但是对于高水处理,碱解氮含量 7 区(W3N1F3)>8 区(W3N2F1)>9 区(W3N3F2),这可能是由于当水量适中时,土壤碱解氮的含量随着施氮量的增加而增加,但是当水量过大时,可能会引起氮肥随着水分挥发或者流失,反而不利于土壤养分的保持。

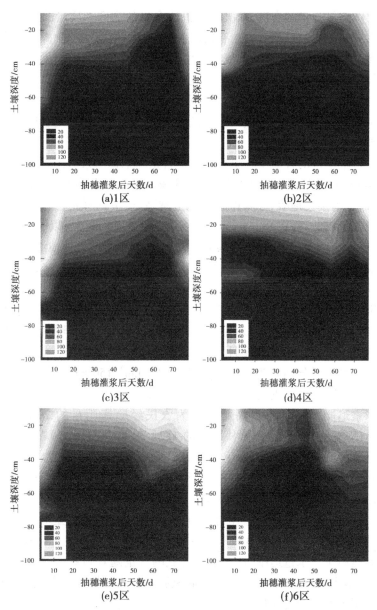

图 4-7　不同处理条件下玉米土壤碱解氮(mg/kg)的变化

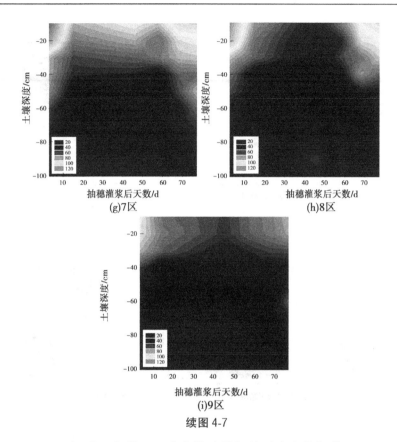

(g)7区　　　　　　　　　　(h)8区

(i)9区

续图 4-7

4.2.4.2　不同处理条件下玉米土壤速效钾的时空变化规律

速效钾是指土壤中易被作物吸收利用的钾素。包括土壤溶液钾及土壤交换性钾。速效钾占土壤全钾量的 0.1%~2%。其中土壤溶液钾占速效钾的 1%~2%,由于其所占比例很低,常将其计入交换钾。速效钾含量是表征土壤钾素供应状况的重要指标之一。及时测定和了解土壤速效钾含量及其变化,对指导钾肥的施用是十分必要的。钾元素常被称为"品质元素",钾肥施用适量时,能使作物茎秆长得坚强,防止倒伏,促进开花结实,增强抗旱、抗寒、抗病虫害能力。

各个小区的各个土层土壤速效钾含量随抽穗灌浆后天数的变化如图 4-8 所示。从图 4-8 可以看出,土壤速效钾主要分布在 0~60 cm 土

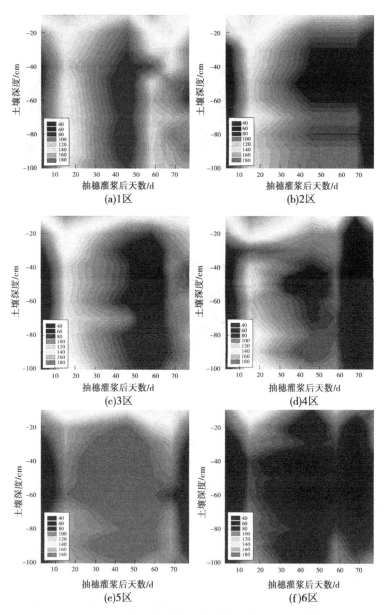

图 4-8　不同处理条件下玉米土壤速效钾(mg/kg) 的变化

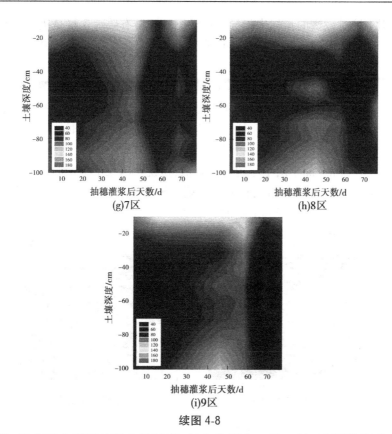

(g)7区　　　　　　　　(h)8区

(i)9区

续图 4-8

层,且表层土壤速效钾含量较高,各个小区在 8 月 5 日,抽穗灌浆后 36
d 施入磷酸二氢钾后,土壤速效钾有增加趋势,随着玉米的生长,土壤
速效钾含量逐渐降低。

4.2.4.3　不同处理条件下玉米土壤有效磷的时空变化规律

植物体内几乎许多重要的有机化合物都含有磷;磷是植物体内核
酸、蛋白质和酶等多种重要化合物的组成元素;磷在植物体内参与光合
作用、呼吸作用、能量储存和传递、细胞分裂、细胞增大和其他一些过
程。土壤中可以被植物吸收利用的磷称为有效磷。土壤有效磷也称为
速效磷,是土壤磷素养分供应水平高低的指标,土壤磷素含量高低在
一定程度上反映了土壤中磷素的储量和供应能力。在农业生产中一般

采用土壤有效磷的指标来指导施用磷肥。土壤有效磷含量是决定磷肥有无效果以及效果大小的主要因素。所以,能否用好磷肥必须根据土壤有效磷的含量区别对待。

各个土层土壤有效磷含量随抽穗灌浆后天数的变化如图 4-9 所示。从图 4-9 可以看出,2018 年 8 月 5 日玉米追肥磷酸二氢钾后,土壤有效磷有增加的趋势,但是增加幅度较小,这主要是追肥时施入的磷肥较少,随后土壤有效磷含量缓慢下降,土壤有效磷主要集中在 0~30 cm 土层,30~100 cm 土层土壤含磷量较低,这说明磷在土壤中的移动性较小。对于 1 区(W1N1F1),追肥后土壤含磷量增加,但是到玉米生育末期,土壤含磷量已经降到追肥前的水平。

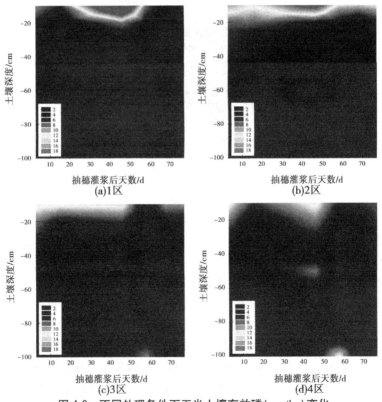

图 4-9　不同处理条件下玉米土壤有效磷(mg/kg) 变化

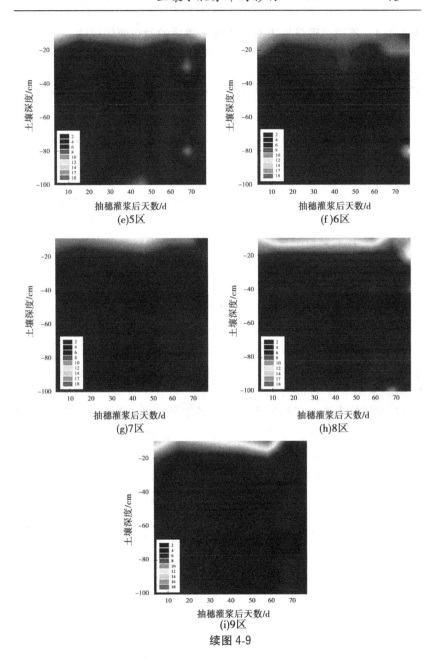

(e)5区

(f)6区

(g)7区

(h)8区

(i)9区

续图 4-9

4.2.4.4　不同处理条件下玉米土壤有机质的时空变化规律

有机质泛指土壤中来源于生命的物质,包括土壤微生物和土壤动物及其分泌物以及土体中植物残体和植物分泌物。一般来说,土壤有机质含量的多少,是土壤肥力高低的一个重要指标。

各个小区的各个土层土壤有机质含量随抽穗灌浆后天数的变化如图 4-10 所示。从图 4-10 可以看出,各个小区的土壤有机质主要分布在 0~60 cm 土层,且土壤表层的有机质含量相对较高,随着时间的推移,土壤有机质含量呈现先降低后增加的趋势,原因是抽穗灌浆期为 7 月与 8 月,气温较高,土壤湿度大,土壤有机质易于分解,被作物吸收利用,到了作物成熟期的 9 月以后,东北地区气温较低,有利于土壤有机质的积累,且玉米对土壤有机质的消耗较少,因此在玉米生长后期,土壤有机质略有增加的趋势。

4.2.4.5　不同处理条件下玉米土壤 pH 的时空变化规律

pH 的化学定义是溶液中 H^+ 离子活度的负对数。土壤 pH 是土壤酸碱度的强度指标,是土壤的基本性质和肥力的重要影响因素之一。试验利用 PHS-3C 型酸度计对土壤 pH 进行测定。

各个小区的各个土层土壤 pH 随抽穗灌浆后天数的变化如图 4-11 所示。从图 4-11 可以看出,各个处理各个小区的 pH 范围为 8.21 ~ 8.97,为碱性土壤或者强碱性土壤。各个处理的 pH 均在生育后期较高,原因可能是抽穗灌浆期为 7 月与 8 月,此时试验区高温、多雨,盐基淋湿,因此碱性较弱,而 9 月气温降低,降雨量也减少,释放的盐基不易被淋失而富积于土壤中,胶体为盐基所饱和,水解时,易形成碱性较强的土壤。8 月 5 日(抽穗灌浆后 35 d)追肥后各个小区的 pH 有降低的趋势,说明施肥后会导致土壤 pH 的降低,这与许多学者试验结果相同,长期施入氮肥会导致土壤 pH 降低,即土壤酸化。各个小区的 pH:1 区>2 区>3 区,4 区>5 区>6 区,7 区>8 区>9 区,即低肥>中肥>高肥,说明施肥量的增加会导致土壤 pH 降低,碱性变弱。

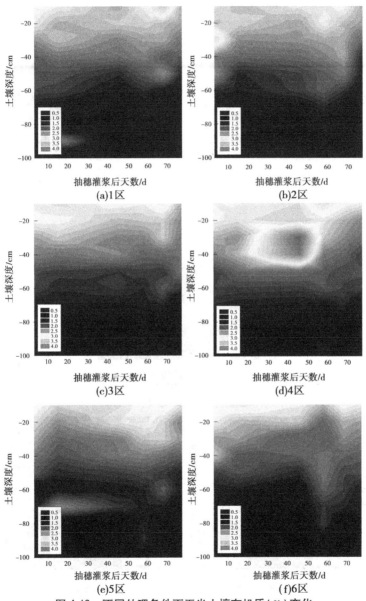

图 4-10　不同处理条件下玉米土壤有机质(%)变化

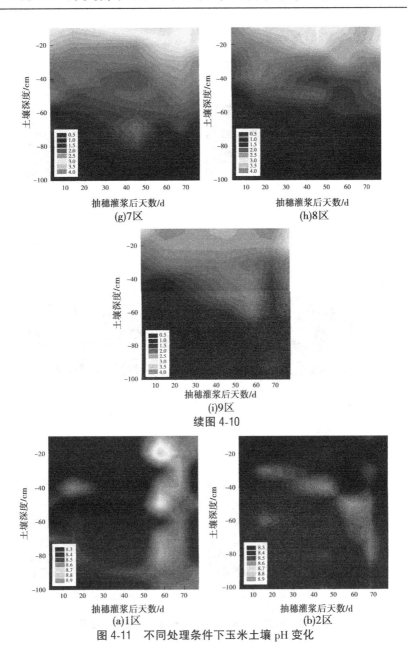

(g)7区　　　　　　　　　　　　(h)8区

(i)9区

续图 4-10

(a)1区　　　　　　　　　　　　(b)2区

图 4-11　不同处理条件下玉米土壤 pH 变化

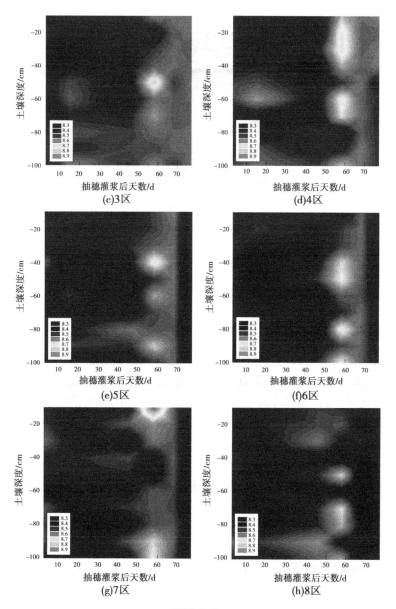

续图 4-11

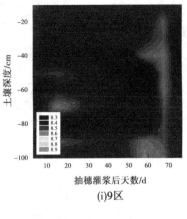

(i)9区

续图 4-11

4.3 讨 论

玉米是世界上分布最广的作物之一,从北纬 58°到南纬 35°~40°的广大地区均大量栽培。中国东北地区地广人稀,人均土地面积占有量大,玉米由于高产,易于管理,深受广大农民的喜爱。近几年,国家针对东北地区,有许多节水增粮的措施,投入了许多圆形喷灌机,但是受传统意识的影响,农民认为高水高肥是获取高产的最佳方式,导致这些喷灌机不能得到很好的应用,存在浪费水资源、过量施肥的情况,造成东北地区土壤污染、地下水污染、大气污染等一系列的问题。因此,探究东北地区合理的灌水量、施肥量与施肥方式,成为实现东北地区农业可持续发展的有效手段。

对于玉米生育早期,灌水量对玉米的生长性状指标影响显著,但玉米生长中后期,由于雨季的到来,降水量的增加,不同灌水处理的玉米生长性状没有显著差异,说明早期的水分亏缺虽然导致玉米生长发育缓慢,到生长后期水分供应充足后,对玉米的生长性状指标没有影响;而在玉米抽穗灌浆期增施化肥以后,玉米的生长性状指标迅速增长,

达到峰值,说明玉米在抽穗灌浆期,需要大量的肥料供应以满足玉米快
速生长的需要。而对于玉米的产量指标,最终玉米产量的最高值为5
区(W2N2F3),最低值为1区(W1N1F1)。其中,灌水量与施肥量对玉
米产量影响显著,而施肥方式对玉米产量的影响不显著。说明适当的
灌水与施肥可以促进玉米的良好生长发育,有效地提高玉米产量,过量
灌溉与施肥反而降低了玉米产量,为了获取玉米高产,同时减少资源浪
费,高效施肥,实现农业的可持续发展,建议采用 W2N2F3 这种灌水施
肥组合方式。本次试验设置的三种施肥量水平均没有达到农民经验施
肥量的1/2,但是获取平均产量与农民经验施肥量的产量接近,说明适
当减少施肥量不会对作物造成减产,但是连年低施肥会不会造成土壤
地力的下降,需要进行多年试验研究。

4.4　结　论

　　试验针对东北地区种植比较广泛的玉米,设置三种灌水量、三种施
肥量、三种施肥方式进行试验,试验结果表明:在玉米生育早期,灌水量
对玉米的生长性状各项指标影响显著,玉米株高、叶面积、根长均随着
灌水量的增加而增大。但是对玉米生长后期影响不显著。最终玉米产
量与肥料偏生产力最大值均为5区(W2N2F3)。对玉米抽穗灌浆后不
同处理各个土层土壤含水率与各项土壤营养元素进行分析,结果表明:
抽穗灌浆期的土壤含水率均保持在较高水平,这主要是东北地区进入
了雨季,降雨量已经充分满足了玉米生长的需要;对于碱解氮,当水量
适中时,土壤碱解氮的含量随着施氮量的增加而增加,但是当水量过大
时,可能会引起氮肥随着水分挥发或者流失,反而不利于土壤养分的保
持;对于速效钾与有效磷,土壤速效钾与有效磷含量在玉米追肥后有增
加趋势,但是随着玉米的生长消耗,土壤速效钾与有效磷的含量降低,
达到玉米追肥前的水平。对于土壤有机质,土壤表层的有机质含量相
对较高,随着时间的推移,土壤有机质含量呈现先降低后增加的趋势;
对于土壤 pH,过量的施肥会导致土壤 pH 降低,碱性变弱。

第5章　不同水肥一体化模式对连作大豆产量与土壤水肥分布的影响

　　大豆作物是人类生产活动中不可替代的肥地养地和轮作倒茬作物。利用根瘤菌固氮是豆科作物独特优点之一,固氮能力强的作物如大豆、绿豆、菜豆、豌豆等,每年可吸收固定氮素 $45 \sim 90$ kg/hm²。豆类作物与人类活动息息相关,它们能够提供优于谷类作物的植物蛋白、植物脂肪、氨基酸、维生素以及易被人畜吸收利用的矿物质元素。我国东北地区受气候的影响,每年只能种植一季作物,而我国东北地区是种植大豆的主要产区,大豆是一种豆科物种,全球种植以获得相当数量的植物油和蛋白质。大豆是黑龙江省重要农作物之一,大豆总产量占全国的 1/3 左右。黑龙江省北部高寒区,大豆种植重迎茬问题较严重,减产幅度随着重茬年限增加而增大。大豆重茬问题是农户一直难以解决的问题,国内外针对大豆重茬种植已经采取很多措施,包括选种技术、整地技术,秋季整地比春季整地更有优势,可以减少病虫害对大豆重迎茬的危害,还有合理施肥技术等辅助技术。黑龙江省地区,大豆播种面积大,重迎茬问题更突出,估计有 $1/3 \sim 1/2$ 的大豆是重迎茬。大豆因连作而降低产量和品质,减产幅度为 $11\% \sim 35\%$,严重的达 $60\% \sim 70\%$。

　　针对目前在东北地区使用较多的圆形喷灌机,由于圆形喷灌机水肥一体化具有自动化程度高、施肥方便的特点,但是圆形喷灌机具有出流量较大、喷灌强度大的特点,本次试验在圆形喷灌机的基础上增设一套微喷系统,可以实现微喷水肥一体化,而且与圆形喷灌机水肥一体化系统为单独的两套系统,互不干扰,这样微喷喷头由于出流量小,水滴打击强度低,更适合喷洒叶面肥,尤其是幼嫩叶不会遭到破坏。同时利用喷灌机施肥可以实现少量多次的优势,减少土壤施肥量,施肥做到因地制宜,而不是盲目施肥,改变农民传统的施肥量越多,产量越高的观念。另外,利用喷灌机喷洒叶面肥改善东北地区大豆重茬种植问题。

　　本次试验设置三种施肥方式：一种是圆形喷灌机水肥一体化，另一种是微喷水肥一体化（在圆形喷灌机上新增加一体微喷系统，可以实现微喷系统水肥一体化，此系统与圆形喷灌机水肥一体化系统为单独的两套系统，使用互不干扰），第三种是使用微喷水肥一体化喷肥，同时使用圆形喷灌机喷水淋洗。本次试验地 2017 年种植作物为大豆，2018 年仍然种植大豆，为两年重茬种植大豆，试验种植情况如第 4 章的图 4-1 所示。本试验设置三种灌水量、三种施肥量、三种施肥方式：试验不同灌水量、施肥量与施肥方式对大豆重茬种植产量的影响。

5.1　试验材料与方法

5.1.1　试验设计

　　试验地大豆供试品种为东农 67，大豆播种深度为 2.5 cm，行距为 20 cm，株距为 10 cm。播种时同时加入底肥，基肥采用统一处理，施入低肥品种磷酸二铵（$N+P_2O_5 \geqslant 64.0\%$）与复合肥（$N+P_2O_5+K_2O \geqslant 45\%$），施肥比例为：磷酸二铵∶复合肥 = 1∶2。施肥量为 400 kg/hm^2。试验于 2018 年 5 月 9 日至 9 月 18 日进行，涉及灌水量（W）、施肥量（N）、施肥方式（F）3 个因素，每个因素均设置 3 个水平。其中每个处理均设置 3 个重复。试验采用三因素三水平的正交试验设计，根据多因素的正交试验，采用正交表 $L_9(3^4)$，试验组合分别为：1 区（W1N1F1）、2 区（W1N2F2）、3 区（W1N3F3）、4 区（W2N1F2）、5 区（W2N2F3）、6 区（W2N3F1）、7 区（W3N1F3）、8 区（W3N2F1）、9 区（W3N3F2）。

　　大豆生育期的划分如表 5-1 所示。大豆种植日期为 2018 年 5 月 9 日，收获日期为 2018 年 9 月 18 日，总生育周期历时 132 d。

表5-1　大豆生育期的划分

日期(月-日)	生育时期	历经天数/d
05-09	播种期	0
05-10~06-18	苗期	40
06-19~07-06	出枝期	18
07-07~08-07	开花期	32
08-08~08-30	结荚期	23
08-31~09-18	鼓粒期	19
合计		132

大豆灌水量分为3个水平,分别为W1(低水)、W2(中水)、W3(高水)。其中,在开花期的8月5日进行大豆水肥一体化追肥,随水施肥的灌水量计入总灌水量。具体灌水方案如表5-2所示。

表5-2　大豆不同生育期的灌水量

灌水水平	I/mm					
	5月18日	6月2日	6月8日	7月10日	8月5日	合计
W1	12.43	12.43	12.43	5.33	5	47.62
W2	18.65	18.65	18.65	7.46	5	68.41
W3	37.3	37.3	37.3	16.7	5	133.6

大豆的不同追肥处理具体情况如表5-3所示。

施肥方式采用三种方式:第一种方式为微喷系统水肥一体化施肥模式,即 MSS-based mode(F1),第二种方式为圆形喷灌机水肥一体化施肥模式,即 CPSM-based mode(F2),第三种方式为边施肥边淋洗的组合施肥模式,即 CPSM-MSS-based mode(F3)。

表 5-3　大豆开花期的追肥量

追肥处理	施肥量 $N/(kg/hm^2)$		
	追肥量		追肥总量合计
	磷酸二氢钾(KH_2PO_4)	尿素[$CO(NH_2)_2$]	
N1	1.5	5.25	6.75
N2	2.25	7.5	9.75
N3	3	10.5	13.5

　　试验的 9 个处理,每个处理重复 3 次,共 27 个小区,在喷灌机的圆周方向每隔 18°设置 1 个小区,每个小区面积均为 7 m×5 m。各个小区在圆形喷灌机的控制面积具体布置见图 5-1。试验期间,在 8 月 6 日清晨在大豆地统一利用圆形喷灌机增施打虫药(高效氯氟氰菊酯),有效成分含量为 2.5%,为微乳剂,施药量为 750 mL/hm^2。

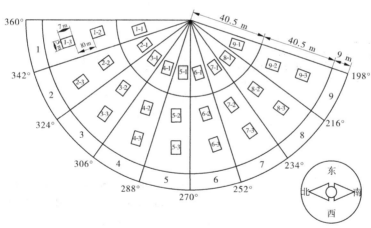

图 5-1　圆形喷灌机大豆试验区布置

5.1.2　测定项目及方法

5.1.2.1　气象数据

　　在试验站安装有田间气象站,可以实时监测气象数据,包括降雨量、气压、气温、相对湿度、蒸发量、风速、地温等指标。

大豆生育期的降雨条件如图 5-2 所示。从图 5-2 可以看出,大豆生育期内降雨主要发生在 6 月、7 月、8 月,而在大豆发芽期降雨量只有 0.5 mm,此降雨量无法保证大豆的正常发芽,东北地区春旱严重,春旱严重容易造成大豆出苗率低、出苗不齐、"死苗"现象。在苗期前期,降雨量仍然较低,无法保证苗的正常生长,此时东北地区地温急剧上升,地表土壤蒸发严重,在大豆苗期如果不能及时补水,大豆苗会由于蒸腾作用过强而极易发生萎蔫死亡。

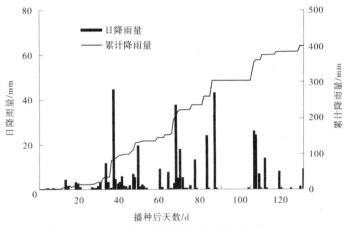

图 5-2　大豆生育期内降雨量的变化

5.1.2.2　大豆的生长性状指标

分别在大豆各个生育期末,测量大豆的株高、茎粗、根长、叶面积。大豆的株高使用卷尺测量,茎粗使用(Pro skit)高精度数字型游标卡尺测量,根长采用软皮尺测量,叶面积采用软尺测量大豆的叶长、叶宽,再用式(2-4)进行计算。具体方法是在各个不同处理试验地中,分别随机选取 3 个 7 m×5 m 的重复小区,如图 5-1 所示,在每个重复小区中任意选取 3 株大豆植株,进行标记,一共 9 棵植株,量取每棵大豆的株高、茎粗、叶面积并取平均值,作为最终结果。测量根长的方法为在每个小区取出 3 株长势相同的植株,用软尺测量每株大豆的根长,并取平均值作为最终结果。

5.1.2.3　大豆的产量指标

在各个处理小区随机取 5 m×5 m 的植株,测出每处籽粒的重量。并取出各个小区的 10 株大豆作为样本,测出每株粒数、荚数、百粒重。具体测产指标如表 5-4 所示。

表 5-4　大豆的测产指标

序号	测产与考种指标	测产与考种方法
1	单株植株籽粒数	随机取每个小区样本的 10 株,测量每株荚数,然后数出每荚粒数,计算出样本各个植株的总粒数,取其平均值,作为测量小区的单株植株籽粒数
2	百粒重	脱粒后随机取百粒称重,重复 3 次,取其平均值,以 g 表示
3	产量	小区收获脱粒后籽粒风干,称重,并折算成 kg/hm^2

5.1.2.4　大豆土壤含水率的测定

试验采用 XS1 型土壤水分测试仪,取样方法是在大豆试验地,试验从大豆进入开花期开始(2018 年 7 月 7 日)至鼓粒期结束(2018 年 9 月 11 日),平均每间隔 10 d 左右取土一次,取土日期分别为:7 月 7 日、7 月 21 日、8 月 19 日、8 月 31 日、9 月 11 日,每个小区取 3 个点重复。每个取样点间隔 10 cm 取一层,取土深度为 100 cm。

5.1.2.5　大豆土壤养分指标的测定

利用 XS1 型土壤水分测试仪安装取土钻和测试杆,每次取土时,除了测量土壤含水率,单位为 m^3/m^3,取出的土样同时测量土壤的碱解氮、全氮、有效磷、速效钾的含量与 pH。其中,各个指标的方法与测量玉米土壤养分的指标相同,详见第 4 章的 4.1.2.5 节。

5.1.3　数据处理方法

采用 Excel 2010 和 DPS 数据处理系统 V9.01 进行数据分析,并且采用 Excel 2010、SigmaPlot 14.0 和 AutoCAD 2007 进行绘图。

5.2　结果与分析

5.2.1　不同处理对大豆生长性状的影响

5.2.1.1　不同处理对大豆株高的影响

　　大豆株高是反映大豆产量与品质的一项重要的指标,本次试验在大豆不同生育期选取植株观测株高的变化如图 5-3 所示。在苗期,灌水量对大豆株高的影响呈显著性差异,其中株高最大的为 9 区(W3N3F2),株高为 14.8 cm;株高最小的为 1 区(W1N1F1),株高为 10.1 cm。苗期较高的灌水量可以促进大豆株高的生长,而较少的灌水量会抑制株高的生长,出苗不齐,植物发育不良;大豆进入出枝期,株高迅速生长,由于此时已经进入雨季,9 个小区的株高并没有显著性差异。株高主要受水分供应的影响较大,当水分充足时,株高生长迅速,当水分不足时,株高生长受到抑制。开花期各个小区株高最大值为 5 区(W2N2F3),株高为 65.8 cm;株高最小值为 3 区(W1N3F3),株高为 50.2 cm,但是各个小区株高差异不显著,大豆后期的灌溉施肥管理非常重要。结荚期的大豆株高达到了最大值,其中株高最大的为 3 区,株高为 79.7 cm;株高最小的为 1 区,株高为 63.2 cm。大豆进入鼓粒期以后,各个小区的株高呈现降低趋势,这主要是这一时期的大豆营养向籽粒转移,大豆日渐成熟,茎秆变黄直至枯萎。总之,灌水量只对苗期大豆的株高有显著影响,而施肥量与施肥方式对大豆的影响为:N2>N3>N1,但是影响不显著,从经济角度考虑,选择中肥(N2)。施肥方式对大豆株高的影响也不显著,F3>F2>F1。从整体上看,由于大豆为两年重茬种植的大豆,重茬种植会导致土壤营养元素缺乏,及时对大豆进行追肥可以补充土壤元素,促进大豆的生长发育。

5.2.1.2　不同处理对大豆茎秆直径的影响

　　茎秆是大豆主要传输水分与营养物质的通道,茎秆粗壮可以反映大豆植株长势良好;而茎秆矮小,表明大豆植株生长发育不良。从图 5-4 可以看出,苗期灌水量(W)对大豆的茎秆影响呈显著水平,其中

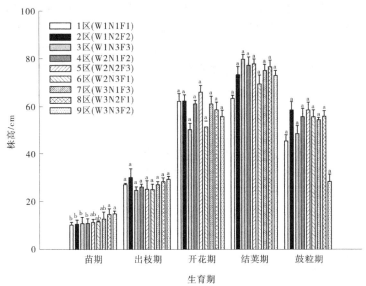

注:同一生育期内不同小写字母表示在 $p<0.05$ 水平差异显著。

图 5-3　不同处理条件下大豆株高的变化

茎秆直径为高水灌溉>中水灌溉>低水灌溉。苗期大豆茎秆最粗的为 8
区,茎秆直径为 3.8 mm;最小值为 1 区,茎秆直径为 2.6 mm。出枝期
与苗期相比,低灌水量条件下的茎秆直径增长幅度较大,出枝期茎秆直
径比苗期提高了 57.69%。而中灌水量与高灌水量的茎秆直径与苗期
相比,茎秆直径分别提高了 10.89%、21.78%,出枝期灌水量(W) 对茎
秆直径的影响也显著;开花期灌水量与施肥量对大豆茎秆直径的影响
均达到显著性差异,其中灌水量对大豆茎秆直径的影响是低灌水量>
中灌水量>高灌水量,此时期由于该地区进入了雨季,降水补给已经满
足大豆的生长需要,此时低灌水量条件下的大豆茎秆直径最大,显著大
于中灌水量与高灌水量条件下的大豆,而中灌水量与高灌水量条件下
的大豆茎秆直径没有显著性差异。施肥量对大豆茎秆直径的影响也达
到了显著水平,具体影响为:中肥>低肥>高肥,说明在大豆开花期适当
的施肥有助于大豆茎秆粗壮,而少量施肥或者过量施肥,均不能使大豆
茎秆良好的发育,其中低施肥量与高施肥量差异不显著,但是低施肥量

茎秆直径反而大于高施肥量,说明大豆开花期施肥量过量反而会抑制大豆茎秆的生长,施肥量控制应采取宁缺毋滥的原则,在大豆开花期适量施肥,避免过量施肥。在大豆结荚期,各个试验小区的茎粗没有显著性差异,各个试验因素对于结荚期的大豆茎秆直径均影响不显著,此时茎秆直径最大的为 5 区,直径为 10 mm;茎秆直径最小的为 1 区,茎秆直径为 6.44 mm。鼓粒期各个小区茎秆直径与结荚期相比,均有降低趋势,这是由于大豆进入鼓粒期以后,大豆茎秆营养逐渐向籽粒转移,此时茎秆失去活性,进入衰老期,逐渐枯萎。这一时期,大豆各个小区的茎秆也没有显著性差异。这说明灌水量、施肥量的不同虽然影响了大豆生育前期的茎秆直径,但是对于大豆中后期茎秆直径的影响不大。施肥方式对大豆茎秆的直径没有显著影响。

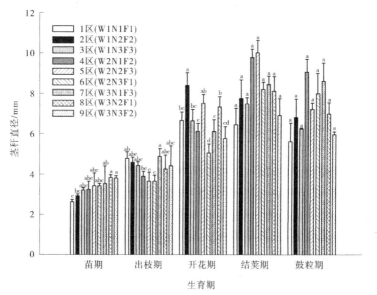

注:同一生育期内不同小写字母表示在 $p < 0.05$ 水平差异显著。

图 5-4　不同处理条件下大豆茎秆直径的变化

5.2.1.3　不同处理对大豆叶面积的影响

从图 5-5 中可以看出,大豆苗期的叶片刚长出幼芽,叶面积呈现出较小值,灌水量对叶面积的影响呈现显著性差异,具体表现为叶面积数值:高水>中水>低水,说明苗期充足的灌水量可以明显促进大豆叶片的分化,促进叶面积的迅速生长,但是中水与高水没有达到显著性差异,而中水与低水达到显著性差异,说明灌水量达到一定的数值后,即使提高灌溉量,叶面积数值会增加,但是增加不显著。

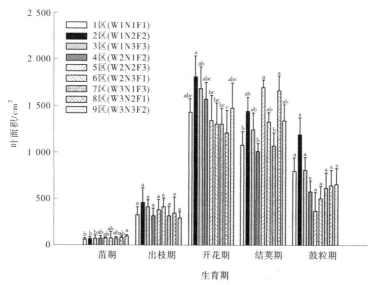

注:同一生育期内不同小写字母表示在 $p<0.05$ 水平差异显著。

图 5-5　不同处理条件下大豆叶面积的变化

出枝期,各个小区大豆的叶面积迅速生长,这是因为东北地区进入7月以后,进入了雨季,土壤水分充足,灌水量对大豆的具体表现为,叶面积:低水>中水>高水,灌水量(W)对大豆叶面积的影响没有显著性差异。出现这种情况的原因是,由于大豆出枝期已经进入了雨季,降水量已经足够补充大豆生长发育的需要,因此低水灌溉即可保证此生育阶段的水分需要,随着灌水量的增加,已经超过了大豆自身生长发育的需要,产生了过量灌溉,因此东北地区的灌溉量需要根据大豆的生育阶段进行调整,也需要根据具体降雨情况进行调整,达到既可满足大豆生长发育的需要,也可以避免水资源浪费的目的。

　　而大豆开花期,灌水量与施肥方式对叶面积的影响显著,具有表现为:W1>W2>W3,但是W1与W2没有显著性差异,W1与W3有显著性差异。而施肥量对大豆叶面积的影响为:N3>N2>N1,说明增加施肥量有助于大豆叶面积的生长,但是影响不显著。施肥方式对大豆叶面积的影响为:F2>F3>F1,说明最有利于大豆叶面积生长的为圆形喷灌机水肥一体化的施肥模式,F2与F3没有显著性差异,F2与F1有显著性差异,说明圆形喷灌机水肥一体化施肥模式或者边施肥边淋洗的组合施肥模式都有利于大豆叶面积的增长,效果优于微喷系统水肥一体化施肥模式。原因可能是圆形喷灌机水肥一体化施肥模式施肥均匀度最高,施肥均匀度为91.50%;而边施肥边淋洗的组合施肥模式的施肥均匀度也相对较高,为80.20%,因此这两种施肥模式条件下大豆的叶面积均取得较大值,而微喷系统水肥一体化施肥模式虽然比较适合喷洒叶面肥,但是设置的施肥均匀度只有63.75%,因此此施肥模式条件下的大豆叶面积最小。

　　对于大豆结荚期,部分小区的叶面积呈现下降的趋势,这是由于大豆结荚期开始,此时大豆进入了生殖生长的时期。这一时期的灌水量与施肥方式对大豆叶面积的影响均不显著,而施肥量对大豆叶面积的影响达到显著水平,具体影响为:N2>N3>N1,而且中肥与高肥、低肥均差异显著,高肥与低肥差异不显著,从经济角度考虑,宜选择中肥处理。

　　大豆鼓粒期,此时大豆各个小区的叶面积急剧减小,大豆叶片的光合功能下降,整棵植株的营养均开始向籽粒转移。这一阶段各个因素对大豆叶面积的影响差异均不显著。

5.2.1.4　不同处理对大豆根长的影响

　　大豆根具有固氮作用,在大豆生长中后期以后,大豆根上会长根瘤,可以吸收土壤空气中的 N_2,将空气中的 N_2 转化为氨(NH_3),可以满足大豆自身生长需求的70%的氮(PARSA 等,2006)。因此,大豆的根长与根密度不但可以反映大豆的长势,而且可以有效地反映大豆的固氮能力。大豆的根有主根与侧根之分,大豆种子萌发时,先长主根,当主根长到一定程度后,大豆的根会产生一定的分枝,这些分枝统称为侧根。本次试验分别测量主根长度与最长的侧根长度。

　　从图 5-6 可以看出,大豆主根长最小的生育阶段为苗期,随后开始迅速伸长,在大豆结荚期达到最大值,大豆结荚期以后,大豆的根长停止生长,并出现缓慢降低趋势;与大豆主根类似,大豆的侧根比大豆的主根平均长度要长,这是由于大豆的侧根是主根的分枝,在主根的基础上生长出的侧根,来补充由于主根吸收水分与营养的不足。此时大豆的侧根仍然在苗期为最小值,在大豆开花期,大豆的侧根迅速伸长,而

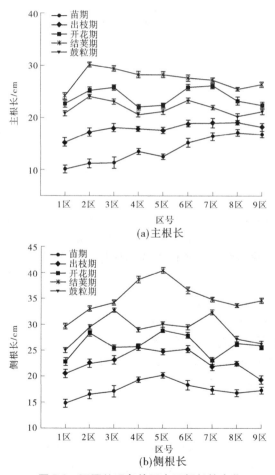

图 5-6　不同处理条件下大豆根长的变化

在大豆的结荚期,大豆侧根持续生长,大豆的侧根比主根晚衰老,在大豆成熟时,大豆的侧根仍然有一定的活性,可以保证大豆从土壤吸收水分与营养。经过对大豆的主根长与侧根长进行显著性分析,对于主根长,只有灌水量对大豆苗期的主根长影响显著,具体表现为:W3>W2>W1,其中 W3 与 W2 差异不显著,而 W3 与 W1 差异显著。对于侧根长,灌水量对大豆苗期的侧根长差异显著,具体表现为:W2>W3>W1,其中 W2 与 W3、W1 差异均显著;对于大豆在开花期追肥后,灌水量与施肥量对大豆的侧根长影响均显著,施肥量对大豆侧根的影响为:N2>N3>N1,其中 N2 与 N3 差异不显著,N2 与 N1 差异显著。

5.2.2　不同处理对大豆产量指标的影响

5.2.2.1　不同处理对大豆单株植株籽粒数的影响

大豆的单株籽粒数如图 5-7 所示。试验区 1 区至 9 区,其中灌水量与施肥量对大豆单株总粒数的影响均有影响,但是不显著,而施肥方式对大豆单株总粒数的影响显著,具体表现为:F3 >F2 >F1,其中 F3 与 F1 差异显著,F3 与 F2 差异不显著,F3 与 F1 差异显著则说明边施肥边淋洗的组合施肥模式(CPSM-MSS-based mode)有助于大豆单株籽粒数的增加,或者是圆形喷灌机水肥一体化施肥模式,二者差异不显著,而微喷水肥一体化施肥模式条件下的单株籽粒数小于此两种施肥模式,与微喷水肥一体化施肥均匀度低有关。单株植株籽粒数最大的为 7 区(W3N1F3),单株总籽粒数为 75 粒;单株总籽粒数最小的为 8 区(W3N2F1),单株总籽粒数为 57 粒。

5.2.2.2　不同处理对大豆百粒重的影响

大豆的百粒重如图 5-8 所示,对于试验区 1 区至 9 区,用 DPS 软件进行正交试验的方差分析,其中灌溉量与施肥量对大豆百粒重的影响均显著,具体表现为:W3>W2>W1,且三种灌溉量之间差异均显著,即大豆百粒重随着灌溉量的增加而增大,这也与农民流传的"旱谷涝豆"的说法一致,说明大豆在水量充沛的年份,可以得到高产。其中,施肥量对大豆百粒重的影响:N3>N2>N1,说明大豆适当的增加追肥量可以促进籽粒饱满,增加大豆百粒重,进而提高大豆的产量。其中,大豆百

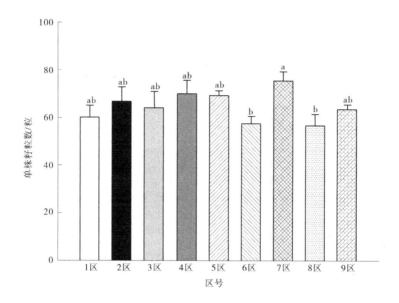

注:不同小写字母表示在 $p<0.05$ 水平差异显著。

图 5-7　不同处理条件下大豆单株籽粒数的变化

粒重最大的为 9 区(W3N3F2),大豆百粒重为 23.9 g,即当灌溉量为 133.6 mm,追肥量为 13.5 kg/hm², 施肥方式为圆形喷灌机水肥一体化施肥模式时,大豆的百粒重取得最大值;其次为 8 区(W3N2F1),大豆百粒重为 22.73 g。大豆百粒重最小的为 1 区(W1N1F1),大豆百粒重为 19.87 g;其次为 2 区(W1N2F2),大豆百粒重为 19.87 g。

5.2.2.3　不同处理对大豆产量的影响

从图 5-9 中可以看出,产量最大值为 4 区(W2N1F2),产量为 2 811.88 kg/hm²,说明当灌溉量为 68.41 mm,追肥量为 9.75 kg/hm², 施肥方式为圆形喷灌机水肥一体化施肥模式时,大豆产量最高;其次为 9 区(W3N3F2),产量为 2 797.59 kg/hm²。产量最小值为 5 区 (W2N2F3),产量为 1 960.03 kg/hm²;其次为 3 区(W1N3F3),产量为 2 052.45 kg/hm²,其中灌水量与施肥量对大豆的产量影响不显著,而施肥方式 F 对大豆的产量有显著影响。其中,F2>F1>F3,这说明圆形

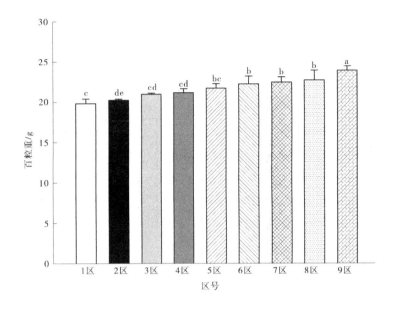

注:不同小写字母表示在 $p<0.05$ 水平差异显著。

图 5-8　不同处理条件下大豆百粒重的变化

喷灌机水肥一体化可以显著提高大豆的产量,主要是由于这种施肥方式喷洒均匀度较高,可以使大豆追肥时整个区域较为均匀地获取养分;其次为微喷系统水肥一体化施肥模式,这种施肥方式虽然施肥均匀度相对较低,但是具有喷灌强度低,喷洒流量小,更适合喷洒植株幼苗、嫩叶,也利用植株的叶片吸收养分,更适合大豆喷洒叶面肥的特点,因此此种施肥方式下大豆的产量也较高。对于边施肥边淋洗的组合施肥模式,此施肥方式虽然比微喷水肥一体化的施肥均匀度高,但是由于施肥的同时对大豆冠层利用清水进行了淋洗,不利于大豆植株叶片或者茎秆对养分的吸收。因此,建议大豆追肥采用圆形喷灌机水肥一体化施肥方式。

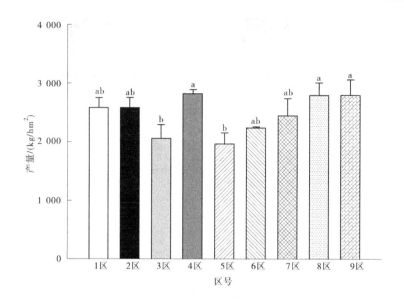

注:不同小写字母表示在 $p<0.05$ 水平差异显著。

图 5-9　不同处理对大豆产量的影响

5.2.3　不同处理条件下大豆土壤水分的时空变化规律

大豆各个处理土壤含水率的变化如图 5-10 所示。从图 5-10 可以
看出,大豆各个土层的土壤含水率分布较不均匀,各个小区的土壤含水
率均在大豆开花期后 30~48 d 这一阶段出现较小数值,而土壤含水率
在开花后的 1~30 d 与开花后的 48~67 d 的数值均出现较大值,这主
要是因为在大豆开花后 30~48 d,这 19 d 的累计降雨量只有 6.2 mm,
而这一时期大豆处于结荚期,根系需水量较大,而这一时期的气温相对
较高,土壤表层水分蒸发强烈,因此这一时期各个小区的 0~40 cm 土
层的土壤含水率出现较小值。大豆开花后的 1~30 d 共 30 d 的累计降
雨量为 182.5 mm,而大豆开花后的 48~67 d 这 19 d 的累计降雨量为
115.3 mm,因此这两个阶段的土壤含水率均呈现较大数值。

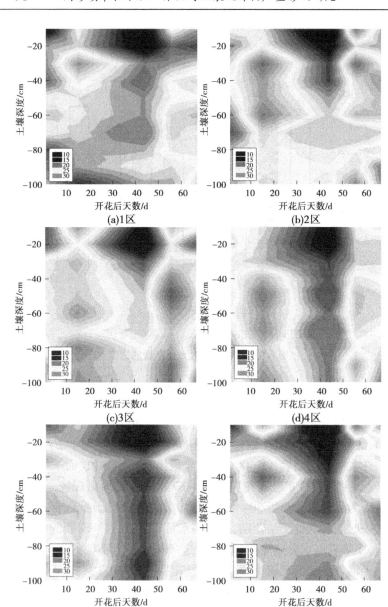

图 5-10　不同处理条件下大豆土壤含水率(%)的变化

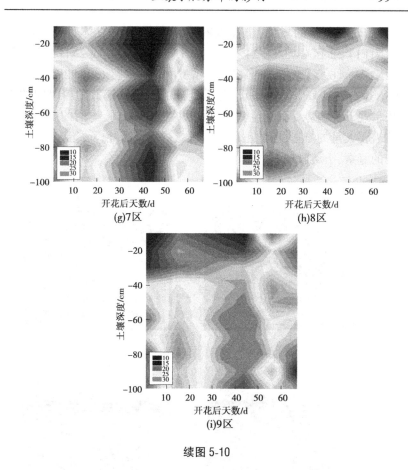

续图 5-10

5.2.4　不同处理条件下大豆土壤养分的时空变化规律

5.2.4.1　不同处理条件下大豆土壤碱解氮的时空变化规律

各个土层土壤碱解氮含量随抽穗灌浆后天数的变化如图 5-11 所示。从图 5-11 可以看出,各个小区的碱解氮主要分布在 0~40 cm 土层,且主要分布在接近地表的土层,这与土壤碱解氮具有表聚性有关。随着大豆的生长发育,大豆的碱解氮含量为开花期>结荚期>鼓粒期,原因是到大豆生长末期,大豆的碱解氮已经降到最低水平。大豆在 8 月 5 日进行追肥,即大豆开花后的第 30 d,大豆土壤碱解氮略有增加趋势,且随着施肥量的增加,土壤碱解氮有增加趋势,具体表现为:1 区(W1N1F1)<2 区(W1N2F2)<3 区(W1N3F3),4 区(W2N1F2)<5 区(W2N2F3)<6 区(W2N3F1),7 区(W3N1F3)<8 区(W3N2F1)<9 区(W3N3F2)。从整个阶段来看,各个处理的土壤碱解氮随着时间的推移均呈现下降趋势。大豆生育早期的固氮能力较弱,早期的生长发育仍然需要大量的氮素,因此土壤中碱解氮被大量消耗,而施肥后补充了土壤的氮素,土壤碱解氮含量增加。

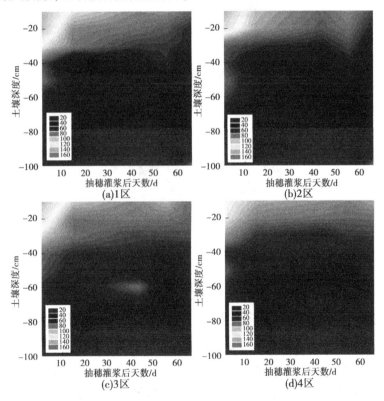

图 5-11　不同处理条件下大豆土壤碱解氮(mg/kg)的变化

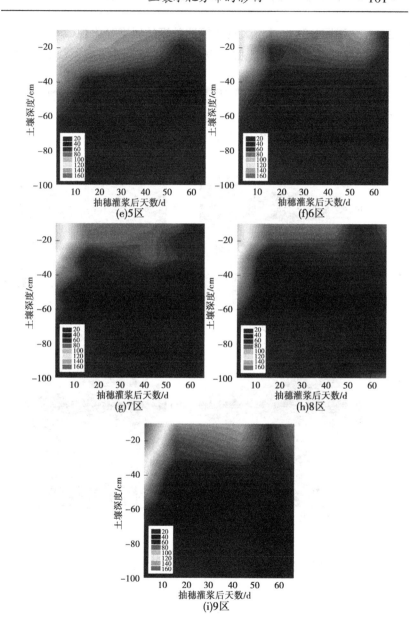

续图 5-11

5.2.4.2　不同处理条件下大豆土壤速效钾的时空变化规律

　　各个小区的各个土层土壤速效钾含量随抽穗灌浆后天数的变化如图 5-12 所示。从图 5-12 可以看出,土壤速效钾主要集中在 0 ~ 30 cm 土层,而随着施肥量的增加,土壤速效钾略有增加趋势,土壤速效钾在土层中的分布深度随着灌溉量的增加而增加。说明过量灌溉可能会导致土壤速效钾向深处运移,产生无效损失。

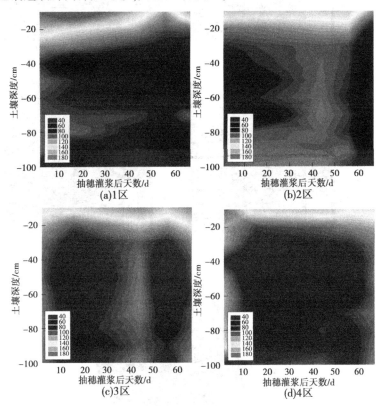

图 5-12　不同处理条件下大豆土壤速效钾(mg/kg)的变化

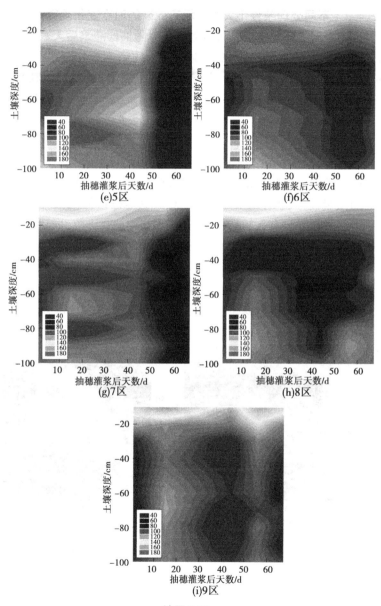

续图 5-12

5.2.4.3　不同处理条件下大豆土壤有效磷的时空变化规律

　　各个小区的各个土层土壤有效磷含量随抽穗灌浆后天数的变化如图 5-13 所示。从图 5-13 可以看出,土壤有效磷主要分布在土壤 0~20 cm 土层,随着施肥量的增加,土壤有效磷呈现增加趋势,尤其是 1 区(W1N1F1)、2 区(W1N2F2)、3 区(W1N3F3)比较明显,2 区与 3 区的土壤有效磷达到土壤 60 cm 深度。但是 4 区、5 区、6 区与 7 区、8 区、9 区土壤有效磷在土壤中运移不明显,可能是大豆对磷元素的吸收需要适当的水分,而 4 区至 9 区的土壤有效磷被作物吸收利用较好。磷元素可以促进大豆苗期根系的生长,促进籽粒饱满,虽然磷元素作为植物所需的微量元素,需求量不大,但是对大豆等植物的生长发育必不可少。由于磷元素只有在植物根系附近,才能被植物吸收,而磷元素在土壤中的移动性较小,且易被土壤中的铁、铝等氧化固定,土壤中有效磷浓度较低,为了满足植物的生长发育,需要额外补充,而喷灌水肥一体化可以同时满足植物根系对磷的吸收与叶片、茎秆对磷元素的吸收,加大了植物对有效磷的吸收量,增加了磷元素的有效利用率,减少了化肥的浪费。

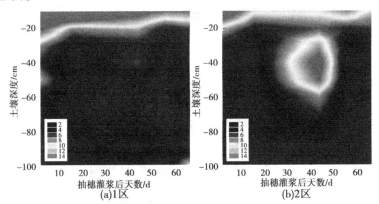

图 5-13　不同处理条件下大豆土壤有效磷(mg/kg)的变化

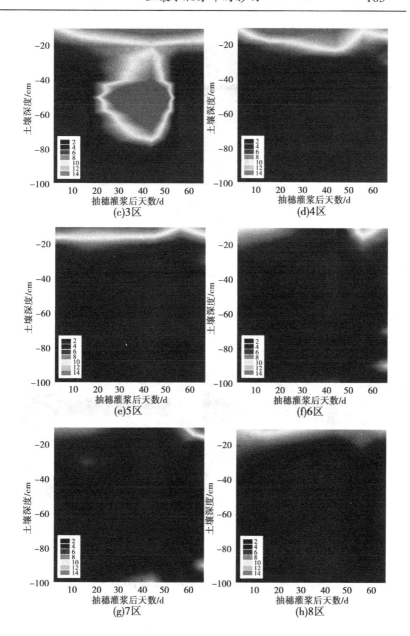

续图 5-13

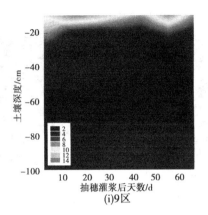

(i)9区

续图 5-13

5.2.4.4　不同处理条件下大豆土壤 pH 的时空变化规律

　　各个小区的各个土层土壤有效磷含量随抽穗灌浆后天数的变化如图 5-14 所示。从图 5-14 可以看出，pH 随着施肥量的增加而呈现降低的趋势，说明施肥量会导致土壤 pH 的变化，可能会导致土壤的碱性减弱。尤其是在作物生长末期，土壤的 pH 变化比较明显。

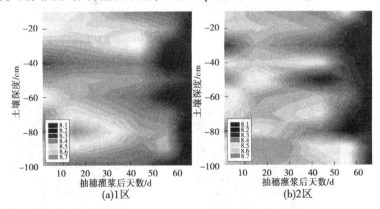

(a)1区　　　　　　　　(b)2区

图 5-14　不同处理条件下大豆土壤 pH 的变化

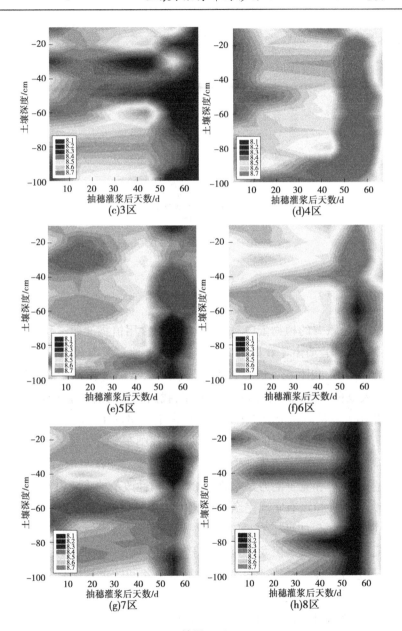

续图 5-14

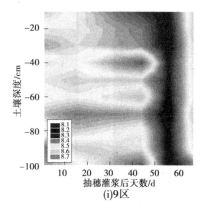

(i)9区

续图 5-14

5.3　讨　论

　　大豆是重要的植物蛋白源,也是重要的食用植物油源。我国是豆制品消费大国,而由于我国的人口基数大,土地资源有限,在"粮食先行"的原则下,我国农民选择种植小麦、水稻,或者种植产量高的玉米作物,大豆种植面积逐年下降。2016 年,我国大豆的消费量为 9 700 万t,而我国大豆的产量只有 1 100 万 t,仅占消费量的 11.34%,其余全部依赖于进口。我国大豆的种植主要集中在我国东北的松辽平原和华北的黄淮平原。2016 年 5 月,习近平总书记视察黑龙江省时,指出提高大豆生产能力和竞争能力是农业供给侧结构性改革的重要内容。黑龙江省大豆的种植没有实现完全机械化大生产的模式,而农户各自为战的小规模种植仍然处于农耕阶段,这种方式劳动生产效率低、成本高,限制了大豆的发展。黑龙江地区由于气候原因农作物为一年一熟,而大豆不适合重迎茬种植,所以解决大豆重迎茬问题也是提高黑龙江省大豆产量的重要措施之一。大豆重茬种植造成减产的原因是多方面的,主要是重茬种植导致土壤有机养分减少,还有土壤中积累多种有害病原菌,也会造成杂草危害。针对东北地区重迎茬大豆带来的土壤有

机物减少、营养失衡的问题,本次试验采取及时追肥的方式,来补充由
于重迎茬大豆种植而导致的土壤元素的缺乏。结果表明,在大豆生育
期内及时适量补充叶面肥,可以有效防止由于大豆不能及时吸收土壤
中的养分而导致的减产,可以保证产量不减少,但是对于多年重茬种植
的大豆,喷洒叶面肥对大豆生长与土壤内元素的影响,需要多年试验进
行验证。

5.4　结　论

(1)在苗期,灌水量对大豆株高、茎秆直径、叶面积、根长的影响呈
显著性差异,但是在生长后期,随着雨季的到来,灌水量对大豆的生长
性状影响不显著。建议可以采取大豆生长早期灌溉,生长中后期少灌
溉或者不灌溉。

(2)本次试验在大豆的开花期喷洒叶面肥,有效地遏制了由于大
豆重茬种植给大豆带来的减产危害,施肥量对株高影响不显著,对茎秆
直径、叶面积、根长均有显著影响,除叶面积外,均是中肥处理数值最
大。说明在大豆开花期适当地施肥有助于大豆茎秆粗壮,有利于根系
生长,适当地增加施肥量有利于大豆叶面积的生长,为了经济起见,建
议在大豆开花期的施肥量选择中肥。而施肥方式除了对大豆叶面积影
响显著,对其他各个生长性状指标的影响均不显著。

(3)最终试验结果表明,产量最大值为 4 区(W2N1F2),产量为
2 811. 88 kg/hm^2,说明当灌溉量为 68. 41 mm,追肥量为 9. 75 kg/hm^2,
施肥方式为圆形喷灌机水肥一体化施肥模式时,大豆产量最高。这说
明圆形喷灌机水肥一体化可以显著提高大豆的产量,主要是由于这种
施肥方式喷洒均匀度较高,可以使大豆追肥时整个区域较为均匀地获
取养分。

(4)而大豆的土壤含水率在开花期至成熟期均呈现较大值;大豆
的碱解氮含量为开花期>结荚期>鼓粒期;随着施肥量的增加,土壤速

效钾、有效磷呈现增加趋势;施肥量过多会导致土壤的碱性减弱。

对大豆生育期适时、适量灌水施肥,并采用合适的施肥方式,可以保证大豆的产量,对于东北地区大豆的重茬种植模式,适时追肥是一种补救措施,适时适量的追肥,可以避免大豆减产。

第 6 章　不同水肥一体化模式对玉米–大豆轮作产量与土壤水氮分布的影响

　　由于大豆根瘤菌具有固氮作用,在东北地区可以采取大豆–玉米轮作或者大豆与玉米间作套种的模式,充分发挥大豆养地的优势,回避大豆重茬种植给土壤带来的劣势。土壤质量下降是导致大豆重茬种植产量下降的重要原因之一。为了避免大豆由于重茬种植而产量下降,并且重复发挥大豆可以固氮的优势,本次试验在 2019 年采用玉米–大豆轮作的耕种模式。

6.1　试验材料与方法

6.1.1　试验设计

6.1.1.1　试验分区的确定

　　试验采取玉米 2018 年、2019 两年轮作的模式。2018 年与 2019 年的种植作物情况如图 6-1 所示。

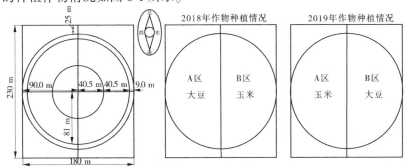

图 6-1　试验地块尺寸与作物种植情况布置

试验小区设定为整个圆形喷灌机喷洒面积,将圆形喷洒面积平均分为 A 与 B 两块地,采用玉米与大豆轮作,2018 年选择 1/2 面积 A 区种植大豆,另外 1/2 面积 B 区种植玉米;2019 年选择 1/2 面积 A 区种植玉米,另外 1/2 面积 B 区种植大豆。2018 年玉米与大豆的种植情况与试验情况见第 4 章与第 5 章。2019 年试验开始于 5 月,结束于 9 月,在黑龙江省水利试验研究中心进行。

试验地块为长方形,长度为 230 m,宽度为 180 m,总面积 4.14 hm²,圆形喷灌机如果将尾枪关闭,灌溉半径为 90 m,此时控制面积为 2.5 hm²。由于喷灌机一共由 3 跨组成,这 3 跨只能同时开启与关闭灌水或者施肥,因此圆形喷灌机这 3 跨控制范围是相同的灌水量与施肥量。试验时将圆形喷灌机的尾枪关闭,圆形区域喷洒面积为试验对象。

试验采用两因素三水平的完全试验设计,如表 6-1 所示。设置施肥量、施肥方式为影响因素。施肥量设置低、中、高 3 个水平,记为 N1、N2、N3。施肥方式设置与 2018 年相同,采用三种施肥模式:第一种方式为微喷系统水肥一体化施肥模式,即 MSS-based mode(F1),第二种方式为圆形喷灌机水肥一体化施肥模式,即 CPSM-based mode(F2),第三种方式为边施肥边淋洗的组合施肥模式,即 CPSM-MSS-based mode(F3)。

表 6-1　两因素三水平的完全试验设计

试验水平	试验因素	
	施肥量(N)	施肥方式(F)
1	N1(低肥)	MSS-based mode(F1)
2	N2(中肥)	CPSM-based mode(F2)
3	N3(高肥)	CPSM-MSS-based mode(F3)

选取东北主要农作物玉米与大豆作为试验对象,试验时间为 2019 年 5 月至 2019 年 9 月。喷灌机正北方向为 0°,顺时针旋转,东侧半边大豆区,每隔 18°划分为 1 个小区,一共划分 9 个小区,大豆试验区为喷

灌机 0°~162°。规定 162°~198° 为水力性能试验区。同样,西半侧为
玉米试验区,玉米试验区为 198°~360°,也将其划分为 9 个小区,每个
小区 18°。各个试验小区沿着圆形喷灌机旋转方向随机布置。玉米与
大豆小区的划分如表 6-2 所示。

表 6-2　玉米与大豆小区的划分

区号	玉米		大豆	
	喷灌机角度	试验方法	喷灌机角度	试验方法
1	342°~360°	F3N3	0°~18°	F2N1
2	324°~342°	F3N2	18°~36°	F2N2
3	306°~324°	F3N1	36°~54°	F2N3
4	288°~306°	F1N1	54°~72°	F3N3
5	270°~288°	F1N2	72°~90°	F3N2
6	252°~270°	F1N3	90°~108°	F3N1
7	234°~252°	F2N3	108°~126°	F1N1
8	216°~234°	F2N2	126°~144°	F1N2
9	198°~216°	F2N1	144°~162°	F1N3

6.1.1.2　玉米主要试验情况

2019 年玉米播种日期为 5 月 2 日,收获日期为 9 月 25 日。玉米播
种品种与 2018 年相同,为天农 9 号,玉米播种深度为 5 cm,行距 68
cm,株距 33 cm。播种时同时加入底肥,基肥采用统一处理,施肥量与
施肥比例与 2018 年种植玉米的情况相同。玉米追肥设置 3 个水平,分
别为 N1(低肥)、N2(中肥)、N3(高肥),追肥时间为玉米进入拔节期的
6 月 28 日与 7 月 8 日,为了保证玉米生育期的营养元素均衡,追肥采
用磷酸二氢钾(KH_2PO_4)与尿素(CON_2H_4)混合后追肥,玉米不同追肥
处理具体情况如第 3 章的表 3-2 所示。

玉米生育期的划分如表 6-3 所示。

表 6-3　玉米生育期的划分

日期(月-日)	生育时期	历经天数/d
05-02	播种期	0
05-03～06-25	苗期	54
06-26～07-01	拔节前	6
07-02～07-08	拔节后	7
07-09～07-11	小喇叭口期	3
07-12～07-20	大喇叭口期	9
07-21～07-27	抽雄吐丝期	7
07-28～08-03	抽穗期	7
08-04～08-19	灌浆期	16
08-20～09-25	成熟期	37
合计		146

6.1.1.3　大豆主要试验情况

2019 年大豆播种日期为 5 月 18 日,收获日期为 9 月 25 日。大豆播种品种与 2018 年相同,为黑农 81,大豆种植行距为 20 cm,株距为 10 cm。播种时同时加入基肥,基肥施入品种与比例与 2018 年相同。7 月 4 日大豆分枝期与 7 月 19 日大豆开花期追肥采用磷酸二氢钾(KH_2PO_4)与尿素(CON_2H_4)混合后追肥。大豆的追肥处理具体情况如第 3 章的表 3-3 所示。

大豆不同生育期的划分如表 6-4 所示。

表 6-4　大豆不同生育期的划分

日期(月-日)	生育时期	历经天数/d
05-18	播种期	0
05-18～07-02	苗期	46
07-03～07-14	分枝期	12
07-15～07-20	始花期	6
07-21～07-27	盛花期	7

续表 6-4

日期(月-日)	生育时期	历经天数/d
07-28~08-03	结荚期(始)	7
08-04~08-19	结荚期(末)	16
08-20~08-29	鼓粒期	10
08-30~09-25	成熟期	27
合计		131

6.1.2　试验观测指标与方法

玉米的各项测量指标参照第 4 章的 4.1.2 节;大豆的各项测量指标参照第 5 章的 5.1.2 节。其中,2019 年试验地气象情况如图 6-2 所示。2019 年全年总降雨量 623.5 mm,其中玉米生育期内总降雨量为 563 mm,占全年总降雨量的 90.3%;大豆生育期内总降雨量为 547.2 mm,占全年总降雨量的 87.8%。

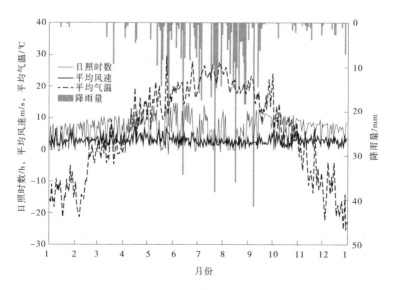

图 6-2　2019 年试验地气象的情况

6.1.3　数据分析

试验数据采用 Excel 2010 进行记录和整理,采用 IBM SPSS Statistics 25 数据处理软件进行方差分析,采用 SigmaPlot 14.0 软件绘图。

6.2　结果与分析

6.2.1　不同处理对玉米生长性状的影响

6.2.1.1　不同处理对玉米株高的影响

从图 6-3 可以看出,对于 1 区(F3N3)、2 区(F3N2)、3 区(F3N1),施肥方式均为 F3(边施肥边淋洗的组合施肥模式),对于这种施肥方式,株高最大的为 1 区,株高最小的为 3 区,说明在这种施肥方式条件下,增加施肥量可以提高玉米生育期的株高;对于 4 区(F1N1)、5 区(F1N2)、6 区(F1N3),施肥方式均为 F1(微喷系统水肥一体化施肥模式),对于这种施肥方式,株高最大的为 6 区,4 区与 5 区的株高较为接近,而 6 区的施肥量为 N3,同样说明在这种施肥方式条件下,增加施肥量可以提高玉米生育期的株高;对于 7 区(F2N3)、8 区(F2N2)、9 区(F2N1),施肥方式均为 F2(圆形喷灌机水肥一体化施肥模式),对于这种施肥方式,低肥、中肥、高肥三种施肥量的株高较为接近,说明施肥量对玉米株高的影响不显著。总体上看,当施肥方式相同时,玉米的株高随着施肥量的增加呈现增长趋势;但是对于圆形喷灌机水肥一体化施肥方式,三种施肥量对株高的影响没有显著性差异。

对于低肥(N1),株高最大的为 3 区(F3N1),而对于 F2 与 F1 这两种施肥方式的玉米株高较为接近,没有显著性差异;对于中肥(N2),与低肥类似,株高最大的为 8 区(F3N2),而对于 F2 与 F1 这两种施肥方式的玉米株高较为接近,没有显著性差异;对于高肥(N3),三种施肥方式的株高没有显著性差异,从图 6-3(f) 中看,几乎处于重合状态,株高较为接近。总体上看,当施肥量相同时,圆形喷灌机水肥一体化条件下的玉米株高最大,而微喷系统水肥一体化施肥模式与边施肥边淋洗的组合施肥模式,这两种施肥方式条件下玉米的株高较为接近,但是当施肥量足够大时,施肥方式这种因素对玉米株高没有显著影响,株高接近。

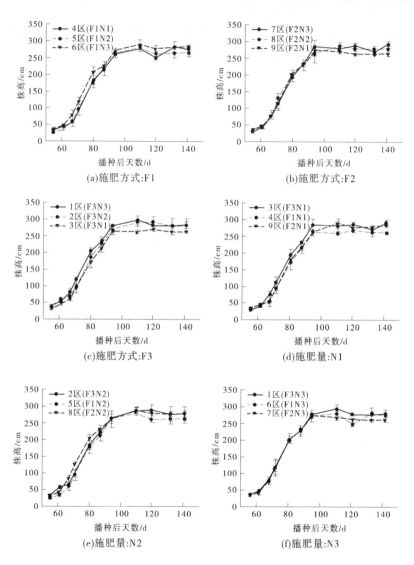

图 6-3　不同处理条件下玉米株高的变化

6.2.1.2　不同处理的玉米茎秆直径

玉米茎秆剖面为椭圆形,分别用游标卡尺测量玉米不同生育时期的茎秆长轴直径与短轴直径,如图 6-4 所示。从图 6-4 可以看出,相同施肥方式下,玉米茎秆直径的大小为:N2>N3>N1,说明适当的施肥量可以提高茎秆直径值,过大或者过小的施肥量均影响茎粗的生长发育;而对于相同施肥量,玉米茎秆直径的大小为:F3>F2>F1,说明最适合玉米茎秆直径生长发育的施肥方式为边施肥边淋洗的组合施肥模式(F3)。玉米短轴方向的茎秆直径与玉米长轴方向的茎秆直径情况相似。

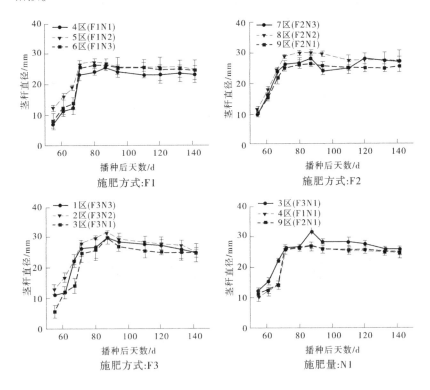

（a）不同处理对玉米短轴方向茎秆直径的影响

图 6-4　不同处理条件下玉米茎秆直径的变化

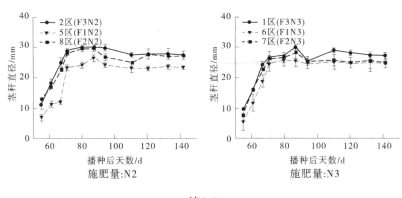

续(a)

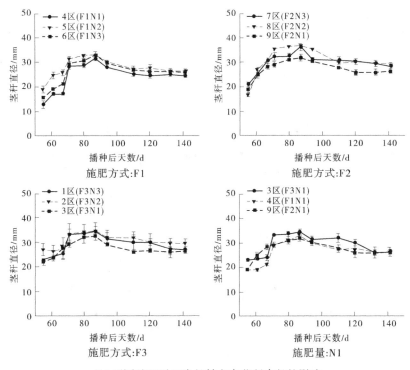

(b)不同处理对玉米长轴方向茎秆直径的影响

续图 6-4

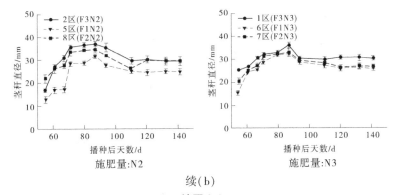

续(b)

续图 6-4

6.2.1.3　不同处理的玉米叶面积

从图 6-5 可以看出,相同施肥方式条件下,玉米叶面积的大小为: N2>N3>N1,说明中肥处理最适合玉米叶面积的生长;相同施肥量条件下,玉米叶面积的大小为:F3>F2>F1,说明边施肥边淋洗的组合施肥模式条件下玉米的叶面积生长发育最佳。

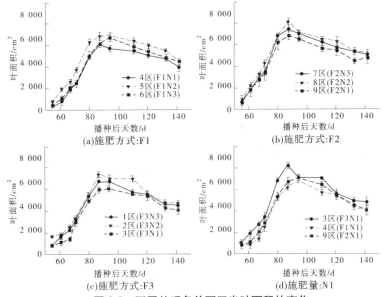

图 6-5　不同处理条件下玉米叶面积的变化

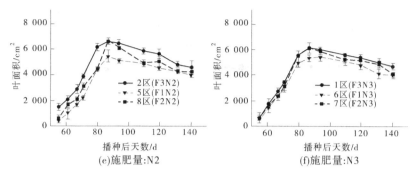

续图6-5

6.2.2　不同处理对大豆生长性状的影响

6.2.2.1　不同处理对大豆株高的影响

从图6-6中可以看出,大豆株高在进入鼓粒期(播种后94 d)时出现峰值后,显著下降,这是由于大豆进入成熟期以后,大豆由营养生长转向生殖生长,大豆株高停止生长,营养向大豆籽粒转移运输。相同施肥方式条件下,大豆的株高表现为:N2>N3>N1;相同施肥量条件下,大豆的株高表现为:F3>F1>F2。

6.2.2.2　不同处理对大豆茎秆直径的影响

从图6-7可以看出,大豆茎秆直径在生育早期,增加速度较快,到了生育中期,茎秆直径增长缓慢,生育后期以后,大豆茎秆直径有下降趋势,与株高类似,大豆进入结荚期以后,营养向籽粒运输,营养生长停止,大豆的茎秆直径呈现下降的趋势。在相同施肥方式条件下,大豆茎秆直径表现为:N2>N3>N1,说明适当的施肥量有利于大豆植株茎秆直径的生长发育,但是在施肥量达到一定程度后,增加施肥量对茎秆直径的增加不明显;在相同施肥量条件下,大豆茎秆直径表现为:F2>F3>F1,说明圆形喷灌机水肥一体化施肥模式下大豆的茎秆直径最大,发育较好。原因可能为圆形喷灌机水肥一体化施肥模式条件下的施肥均匀度最高。

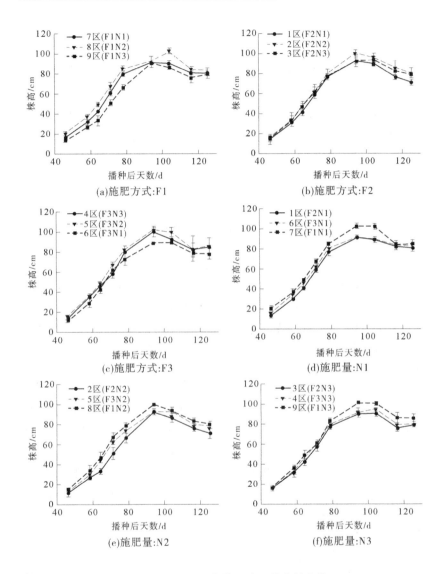

图 6-6　不同处理条件下大豆株高的变化

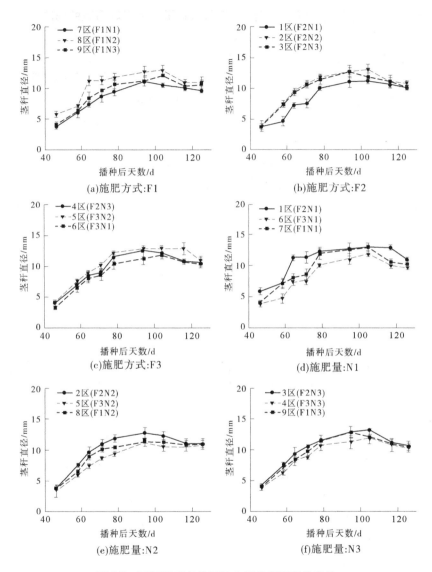

图 6-7　不同处理条件下的大豆茎秆直径的变化

6.2.2.3　相同施肥方式条件下,不同施肥量对大豆叶面积的影响

从图 6-8 可以看出,与大豆株高、茎粗类似,大豆叶面积在生育早期增长迅速,生育中期达到稳定,在生育后期,即成熟期,大豆叶面积呈现下降趋势,大豆叶面积随着时间呈梯形趋势变化。同样,在相同施肥方式条件下,大豆叶面积的变化为:N2>N3>N1;在相同施肥量条件下,大豆叶面积的变化为:F2>F1>F3。与大豆的茎秆直径类似,依然是圆形喷灌机水肥一体化模式下的大豆叶面积最大,原因为圆形喷灌机水肥一体化施肥模式下的施肥均匀度高于其他两种施肥模式下的施肥均匀度,然而虽然微喷水肥一体化的施肥均匀度比边施肥边淋洗的组合施肥模式的高,但是由于这种施肥模式更适合大豆的追肥,因此此模式下的大豆叶面积值高于边施肥边淋洗的组合施肥模式条件下的叶面积值。

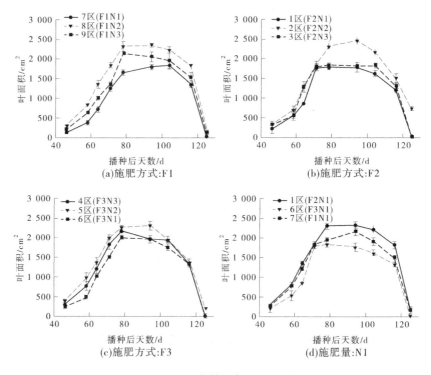

图 6-8　不同处理条件下大豆叶面积的变化

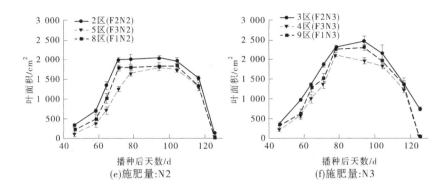

续图 6-8

6.2.3　不同处理对玉米产量指标的影响

6.2.3.1　不同处理对玉米穗长的影响

利用 DPS 对穗长进行方差分析,施肥方式因素 $F_F = 8.706$, $P_F = 0.0079$,施肥量因素 $F_N = 8.385$, $P_N = 0.0088$ (P_F、P_N 分别表示利用 DPS 软件对玉米产量进行分析时,表示组间差异大小的指标)。施肥方式 F 与施肥量 N 对产量均达到显著性差异,其中对于施肥方式 F,对穗长的影响为 F1>F2>F3,对于施肥量 N,对产量的影响为 N2>N1>N3。从图 6-9 可以看出,穗长最大值为 5 区(F1N2),其值为 24.01 cm;穗长最小值为最 1 区(F3N3),其值为 20.33 cm。

6.2.3.2　不同处理对玉米秃尖长的影响

利用 DPS 对玉米的秃尖长进行方差分析,施肥方式因素 $F_F = 2.563$, $P_F = 0.1315$,施肥量因素 $F_N = 3.659$, $P_N = 0.0687$。施肥方式 F 与施肥量 N 对产量均达到显著性差异,其中对于施肥方式 F,对秃尖长的影响为 F2>F1>F3;对于施肥量 N,对秃尖长的影响为 N1>N3>N2。从图 6-10 可以看出,秃尖长最小值为 5 区(F1N2),其值为 1.04 cm,其次为 2 区(F3N2),其值为 1.07 cm,且两个小区的秃尖长差异不显著;秃尖长最大值为 9 区(F2N1),其值为 1.48 cm。

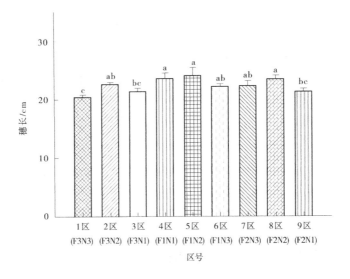

图 6-9　不同处理条件下玉米穗长的变化

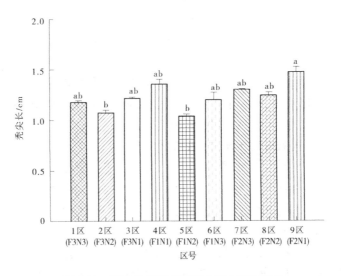

图 6-10　不同处理条件下玉米秃尖长的变化

6.2.3.3　不同处理对玉米百粒重的影响

利用 DPS 对玉米的百粒重进行方差分析, 施肥方式因素 $F_F =$
10.931, $P_F = 0.003\ 9$, 施肥量因素 $F_N = 6.667$, $P_N = 0.016\ 7$。施肥方式
F 与施肥量 N 对产量均达到显著性差异, 其中对于施肥方式 F, 对百粒
重的影响为 F3>F1>F2, 对于施肥量 N, 对产量的影响为 N2>N3>N1。
从图 6-11 可以看出, 百粒重最大值为 2 区(F3N2), 其值为 33.33 g; 百
粒重最小值为 7 区(F2N3), 其值为 22.94 g。

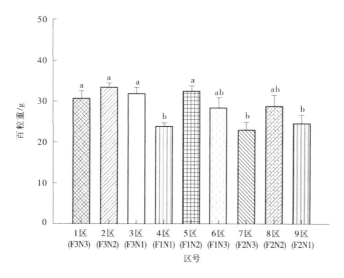

图 6-11　不同处理条件下的玉米百粒重的变化

6.2.3.4　不同处理对玉米产量的影响

利用 DPS 对产量进行方差分析, 施肥方式因素 $F_F = 5.218$, $P_F =$
0.076 8, 施肥量因素 $F_N = 11.073$, $P_N = 0.023\ 4$。施肥方式 F 与施肥量
N 对产量均达到显著性差异, 其中对于施肥方式 F, 对产量的影响为
F3>F2>F1, 对于施肥量 N, 对产量的影响为 N2>N1>N3。从图 6-12 可
以看出, 产量最大值为 2 区(F3N2), 其值为 16 129.617 2 kg/hm², 即施
肥方式采用边淋洗边施肥, 并分别在玉米拔节前期与拔节后期分两次
追肥, 尿素追肥量为 225 kg/hm², 磷酸二氢钾追肥量为 3 kg/hm²。产

量次高的为 8 区(F2N2),其值为 14 089.77 kg/hm²。产量最低的为 7 区(F2N3),其值为 9 438 kg/hm²。2019 年轮作玉米与 2018 年重茬种植的玉米相比,最大值比 2018 年提高了 25.94%,各个处理的玉米产量平均值比 2018 年提高了 2.96%。

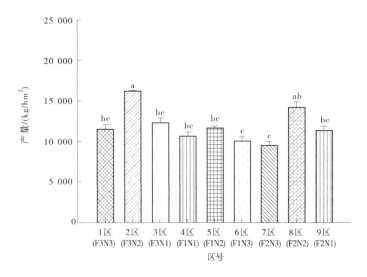

图 6-12　不同处理对玉米产量的影响

6.2.4　不同处理对大豆产量指标的影响

6.2.4.1　不同处理对大豆百粒重的影响

利用 DPS 对大豆的百粒重进行方差分析,施肥方式因素 $F_F = 22.941$, $P_F = 0.000\ 3$,施肥量因素 $F_N = 23.651$, $P_N = 0.000\ 3$。施肥方式 F 与施肥量 N 对产量均达到显著性差异,其中对于施肥方式 F,对百粒重的影响为 F2>F1>F3,说明圆形喷灌机水肥一体化施肥模式有利于大豆百粒重的增加,其次为微喷系统水肥一体化施肥模式,可能是因为圆形喷灌机水肥一体化施肥模式施肥均匀度较高。对于施肥量 N,对产量的影响为 N2>N3>N1,说明适当的增加追肥量有利于提高大豆百粒重的增加。从图 6-13 可以看出,百粒重最大值为 2 区(F2N2),其值为 24.58 g;百粒重最小值为 7 区(F1N1),其值为 21.07 g。

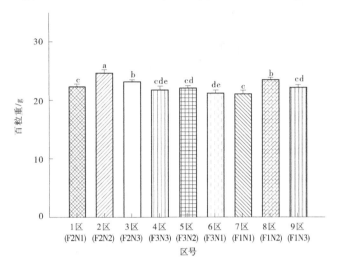

图 6-13　不同处理条件下大豆百粒重的变化

6.2.4.2　不同处理对大豆产量的影响

利用 DPS 对产量进行方差分析,施肥方式因素 F_F = 17.833,P_F = 0.000 7,施肥量因素 F_N = 19.378,P_N = 0.000 5。施肥方式 F 与施肥量 N 对产量均达到显著性差异,其中对于施肥方式 F,对产量的影响为 F2> F1>F3,对于施肥量 N,对产量的影响为 N2>N3>N1。从图 6-14 可以看出,产量最大值为 2 区(F2N2),其值为 3 855.89 kg/hm²,即圆形喷灌机水肥一体化,并在大豆分枝期与开花期分别追肥尿素 75 kg/hm²、45 kg/hm²,并且每次追肥尿素时同时施入磷酸二氢钾 3 kg/hm²。产量次高的为 3 区(F2N3),其值为 3 393.29 kg/hm²。产量最低的为 6 区(F3N1),其值为 2 013.89 kg/hm²。与 2018 年重茬种植的大豆相比,2019 年轮作大豆的最高产量比 2018 年提高了 28.63%,最小产量比 2018 年最小产量也提高了 14.13%,各个处理的产量的平均值比 2018 年各个处理的产量平均值提高了 12.8%,说明轮作大豆与重茬大豆相比,增产明显,相比较重茬种植的大豆,轮作大豆更有利于提高大豆的产量。

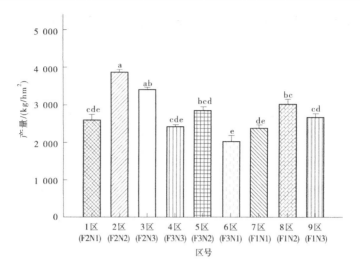

图 6-14　不同处理条件对大豆产量的影响

6.2.5　不同处理条件下玉米土壤水分的时空变化规律

各个小区的各个土层土壤含水率随拔节后天数的变化如图 6-15 所示。从图 6-15 中可以看出,玉米拔节后 38 d 以前,土壤含水率较低,低于田间持水率,这是由于这一时期玉米处于生长旺季,耗水量大,且气温高,降雨后水分蒸发与作物蒸腾强烈。玉米拔节后 38 d 以后,各个土层的土壤含水率处于较高水平,这是由于这一时期降水量高,而作物生长后期,灌浆期以后,植物消耗水分减少,而且 8 月底以后,气温降低,水分蒸发与作物蒸腾作用减弱。玉米在 6 月 27 日(拔节后 2 d)到 8 月 2 日(拔节后 38 d)总降雨量为 179.5 mm,日平均降雨量为 4.85 mm,日最大降雨量为 38.3 mm;而玉米在 8 月 3 日(拔节后 39 d)到 9 月 16 日(拔节后 83 d)总降雨量为 225.3 mm,日平均降雨量为 5 mm,日最大降雨量为 41.5 mm,拔节后 38 d 以后的日平均降雨量、日最大降雨量分别比 38 d 以前高 3.09%、8.36%。与 2018 年类似,玉米进入 8 月以后的土壤含水率高于 8 月以前,主要原因是降雨量增加、玉米对水分的消耗减少、蒸散发减弱。

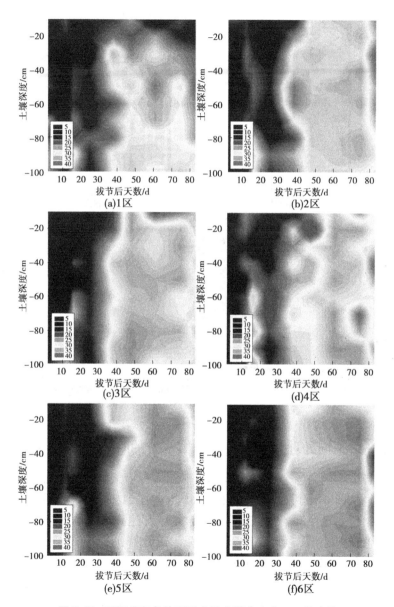

图 6-15　不同处理条件下玉米的土壤含水率(%)的变化

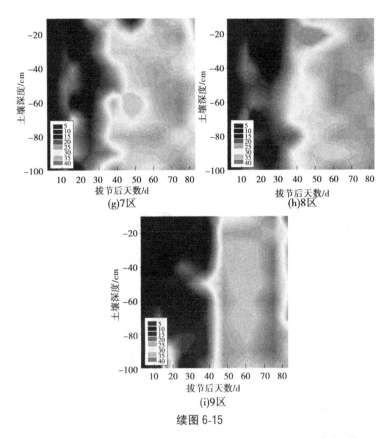

续图 6-15

6.2.6　不同处理条件下大豆土壤水分的时空变化规律

　　各个小区的各个土层土壤含水率随播种后天数的变化如图 6-16 所示。从图 6-16 可以看出,播种后 65 d(7 月 21 日)至播种后 68 d(7 月 27 日)各个小区各个土层的土壤含水率都达到较高水平,出现第一个峰值,这是因为 7 月 21~27 日持续降雨,总降雨量达 87.7 mm,日平均降雨量为 12.5 mm,其中播种后 68 d(7 月 24 日)降雨量较大,达 38.3 mm;在播种后 89 d(8 月 14 日)至播种后 93 d(8 月 18 日)也有持续降雨,持续降雨量达 70.6 mm,日平均降雨量达 14.12 mm,其中播种后 92 d(8 月 17 日)的日降雨量较大,为 36.1 mm。各个小区的各个土

层的土壤含水率出现第2个峰值,在播种后115 d(9月8日)出现第3
个峰值,这主要是因为9月8日出现较大降雨,日降雨量达41.5 mm,
并且在大豆生长末期降雨频繁。

大豆总生育期的总降雨量达547.2 mm,日平均降雨量达4.2 mm,
总体降雨量充沛,但是苗期(5月18日至7月2日)分布相对较少,降
雨量为159.5 mm,日平均降雨量为3.5 mm,但是大豆到达分枝期以
后,直至大豆成熟,降雨量均较为充沛,各个小区各个土层土壤含水率
均达到田间持水率,因此东北地区既需要预防春旱,春季干旱对作物早
期生长不利,春季灌溉保苗,也需要预防秋汛,预防作物在收获季节由
于出现较大降雨而引起内涝,导致作物减产。

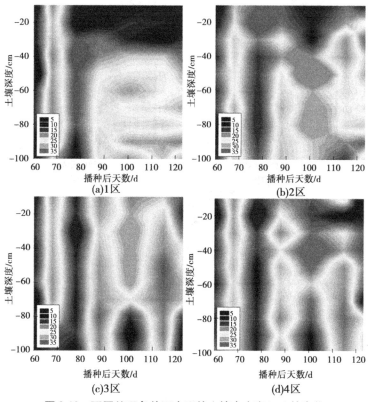

图6-16 不同处理条件下大豆的土壤含水率(%)的变化

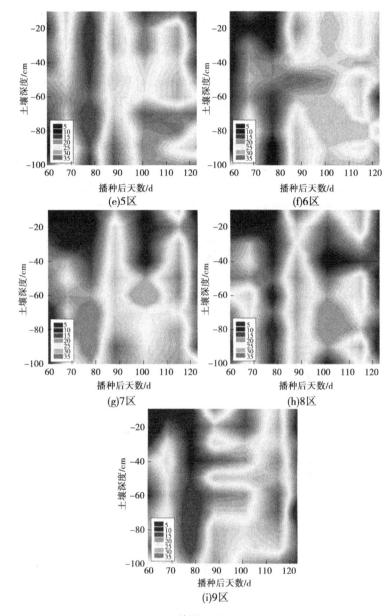

续图 6-16

6.2.7　不同处理条件下玉米土壤硝态氮的时空变化规律

由于氮素是作物生长发育过程中吸收利用消耗量最大的矿质元素,而尿素是为作物提供氮肥的很好的肥料,尿素被农民在田间广泛使用。尿素施入田间后,容易转化为硝态氮与铵态氮,旱田主要以硝态氮的形式存在,水田主要以铵态氮的形式存在,主要原因为铵态氮在通气条件良好的旱地条件下容易转化为硝态氮,本次试验只测量了田间土壤硝态氮的含量。硝态氮是可以被植物吸收利用的一种无机氮,由于硝态氮带负电,而土壤胶体也带负电,因此硝态氮不容易被土壤吸附,容易被水淋失,当出现较大降雨或者较大灌溉量时,硝态氮产生深层渗漏,被淋溶到作物根系层以下,不能被作物有效利用,降低了氮肥的利用率,并可能污染地下水,造成水体富营养化,地下水硝酸盐含量超标。

各个小区的各个土层土壤硝态氮含量随玉米拔节后天数的变化如图6-17所示。从图6-17可以看出,玉米拔节后3 d(2019年6月28日)、13 d(2019年7月8日)追肥后,土壤硝态氮含量显著增加,第一次追肥后硝态氮增加不明显,第二次追肥后硝态氮有增加趋势。1区(F3N3)>2区(F3N2)>3区(F3N1),4区(F1N1)<5区(F1N2)<6区(F1N3),7区(F2N3)>8区(F2N2)>9区(F2N1),说明淋溶程度与施氮量显著相关,即淋溶程度随着施氮量的增加而加剧。对于边施肥边淋洗的组合施肥模式(F3),当施氮量较小时,仍然可以避免硝态氮的淋洗,如2区与3区,追肥后的硝态氮仍然分布在土壤40 cm以上土层。说明边施肥边淋洗的组合施肥模式只要将施肥量控制在一定范围之内,可以避免氮素淋失的风险。对于微喷系统水肥一体化施肥模式(F2),当施肥量较大时,硝态氮淋失的风险也大大增加,4区没有产生硝态氮的淋失,而5区、6区均产生了硝态氮的淋失;对于圆形喷灌机水肥一体化施肥模式(F2),当施肥量控制在一定范围时,高追肥量的7区的土壤硝态氮淋失严重,而中追肥量的8区与低追肥量的9区在追肥后一定时间内硝态氮没有产生淋失,而随着玉米生育后期降雨量增加。

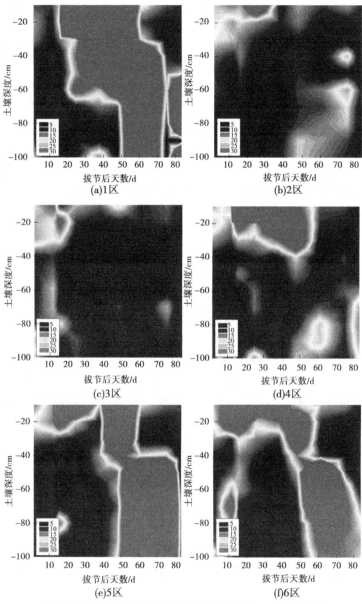

图 6-17　不同处理条件下玉米土壤硝态氮(mg/kg) 的变化

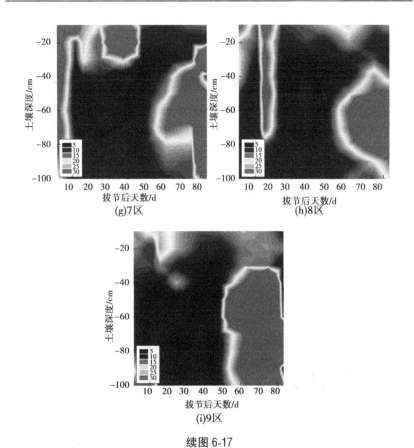

续图 6-17

　　结合玉米生育期内降雨量的因素来看,玉米在拔节后 39 d 到拔节
后 83 d,总降雨量较高,为 225.3 mm,日平均降雨量为 5 mm,日最大降
雨量为 41.5 mm,拔节 38 d 以后的日平均降雨量、日最大降雨量分别
比 38 d 以前高 3.09%、8.36%。而从图 6-17 中可以看出,各个小区的
土壤硝态氮在玉米拔节 38 d 以后淋湿到较深的土层,而在玉米拔节期
两次追肥后仍然分布在 40 cm 以上土层,可见,虽然喷灌水肥一体化施
肥方式避免了土壤硝态氮向深层土壤下渗的趋势,但是玉米生育后期
较大的持续降雨量也是产生土壤硝态氮淋失的重要原因。

6.2.8　不同处理条件下大豆土壤硝态氮的时空变化规律

各个小区的各个土层土壤硝态氮含量随抽穗灌浆后天数的变化如图 6-18 所示。从图 6-18 可以看出,与玉米土壤硝态氮相比,大豆各个小区的土壤硝态氮大多数分布在 0~40 cm 以上,总体的淋溶程度低于玉米,可能与大豆播种后 48 d(2019 年 7 月 4 日)、63 d(2019 年 7 月 19 日)两次追肥的氮肥比较少有关,但是高施肥量的 3 区(F2N3)、4 区(F3N3)、9 区(F1N3)的土壤硝态氮仍然淋溶到较深土层,说明高施肥量仍然是硝态氮产生淋溶到深土层的主要原因。而不同施肥方式对大豆土壤硝态氮在不同土层的淋溶程度影响不明显。

综合大豆生育期内降雨量来看,大豆在追肥后虽然土壤硝态氮有增加趋势,但是仍然集中分布在 0~40 cm 土层,而大豆生育期内有 3 次较大降雨,是导致大豆硝态氮淋溶到较深土层的重要原因,播种后68 d 降雨量较大,达 38.3 mm;在 92 d 的日降雨量较大,为 36.1 mm,降雨量出现第 2 个峰值;在播种后 115 d,日降雨量高达 41.5 mm,此时出现第 3 个峰值,经过 3 次较大降雨,土壤硝态氮淋溶至较深土层。因此,降雨量与施氮量均为影响硝态氮产生淋溶风险的重要因素。可见,虽然喷灌水肥一体化施肥方式避免了施肥后土壤硝态氮向深层土壤淋溶的风险,但是大豆生育后期较大的降雨量仍然会造成土壤硝态氮的淋溶。

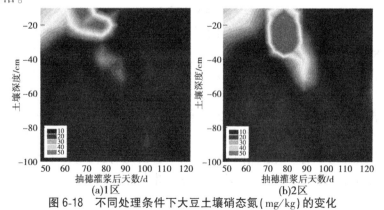

图 6-18　不同处理条件下大豆土壤硝态氮(mg/kg)的变化

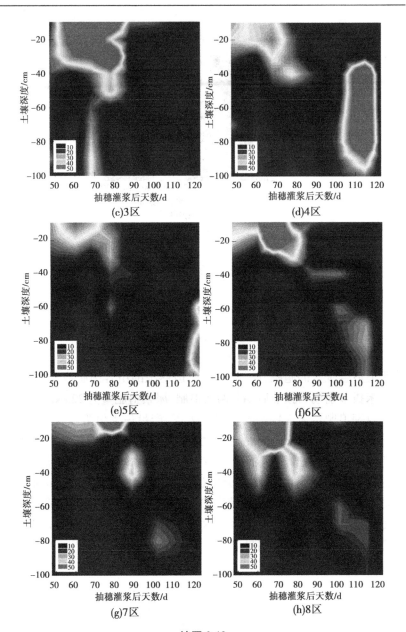

续图 6-18

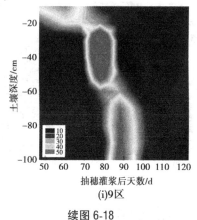

(i)9区

续图 6-18

6.3 结 论

在 2019 年采取玉米-大豆两年轮作制,对玉米与大豆分别设置二因素三水平的试验设计,对于玉米,产量最大的为 2 区(F3N2),其值为 16 129.617 2 kg/hm²;其次为 8 区(F2N2),其值为 14 089.77 kg/hm²,说明最适合玉米的施肥方式为边施肥边淋洗的组合施肥模式,并分别在玉米拔节前期与拔节后期分两次追肥,尿素追肥量为 225 kg/hm²,磷酸二氢钾追肥量为 3 kg/hm²。对于大豆,产量最大值为 8 区(F1N2),其值为 3 855.89 kg/hm²;其次为 3 区(F1N3),其值为 3 393.29 kg/hm²,说明最适合大豆的施肥方式为微喷系统水肥一体化施肥模式,并在大豆分枝期与开花期分别追肥尿素 75 kg/hm²、45 kg/hm²,并且每次追肥尿素时同时施入磷酸二氢钾 3 kg/hm²。较大的降雨量与施肥量是造成土壤硝态氮淋溶到深层土壤的主要因素,施肥方式对土壤硝态氮的淋溶影响不明显。

第 7 章 结论与展望

7.1 主要结论

(1)试验对圆形喷灌机组不同行走速度百分数条件下的冠下水量分布进行了分析。试验结果表明:当圆形喷灌机不同行走速度百分数为 10%~100%时,大豆的冠层截留量为 0.16~1.31 mm,冠层截留率为 6.81%~16%;茎秆流的范围为 0.29~3.83 mm,茎秆率为 12.19%~25.14%。大豆的冠层最大截留量为 1.31 mm;当圆形喷灌机的行走速度百分数 k 为 10%~100%时,大豆的冠下水量分布与冠上水量分布类似,均呈锯齿形分布,但是冠层截留后的冠下水量分布比冠上水量分布更加均匀,当机组行走速度百分数为 30%、60%、90%时,冠下喷灌均匀系数与冠上相比,均匀系数提高了 4.42%,而且喷灌水量越小,冠下改善均匀系数的效果越明显;当圆形喷灌机的行走速度百分数为 10%~100%时,圆形喷灌机的冠下周向(沿着喷灌机行走方向)喷灌平均均匀系数为 88.93%,冠下径向喷灌平均均匀系数为 82.74%。冠下周向喷灌平均均匀系数比冠下径向喷灌平均均匀系数高 6.19%,说明喷灌机沿着行走方向的均匀系数更高;圆形喷灌机的冠层下方温度低于冠层上方,冠层下方湿度高于冠层上方,说明喷灌可以改善作物冠层附近的小气候,可以抑制作物蒸腾和无效蒸发。利用 Hoyningen-Braden 模型对大豆的冠层截留的模拟,ME、R^2、RMSE、GMER、GSDER 值分别为 0.041、0.958、0.082、1.024、1.103,模拟模型精度较高,模拟值较实测值略微偏大。

(2)试验针对东北地区推广应用比较多的圆形喷灌机,设计了三种水肥一体化施肥模式,分别为圆形喷灌机水肥一体化施肥模式(CPSM-based mode)、微喷系统水肥一体化施肥模式(MSS-based mode)、边施肥边淋洗的组合施肥模式(CPSM-MSS-based mode),实现了"一机多用""一喷多防"的目的,提高了机组的利用效率。试验首先针对这三种不同的水肥一体化施肥方式,进行了三种不同运行速度的施肥量分布与肥液喷洒均匀度的试验计算与分析,结果表明:圆形喷灌机水肥一体化(CPSM-based mode)施肥均匀度为91.50%,微喷系统水肥一体化(MSS-based mode)施肥均匀度为63.75%,边施肥边淋洗的组合施肥模式(CPSM-MSS-based mode)的施肥均匀度为80.20%,说明圆形喷灌机水肥一体化的施肥均匀度最高,其次为边施肥边淋洗组合的施肥模式,而微喷系统水肥一体化施肥模式均匀度最低,可能与微喷头的安装间距较小或者微喷头的喷幅较小有关。

(3)试验针对东北地区种植比较广泛的玉米与大豆,设置三种灌水量、三种施肥量、三种施肥方式进行两年重茬种植试验,试验结果表明:在玉米生育早期,灌水量对玉米的生长性状各项指标影响显著,玉米株高、叶面积、根长均随着灌水量的增加而增大。但是对玉米生长后期影响不显著。当灌溉量为115.63 mm,追肥量为114.75 kg/hm^2,追肥方式为边施肥边淋洗的组合施肥模式时,玉米产量与肥料的偏生产力均为最大,产量最大值为12 807.22 kg/hm^2。对玉米抽穗灌浆后不同处理各个土层土壤含水率与各项土壤营养元素进行分析,结果表明:抽穗灌浆期的土壤含水率均保持在较高水平,这主要是东北地区进入了雨季,降雨量已经充分满足了玉米生长的需要;对于碱解氮,当水量适中时,土壤碱解氮的含量随着施氮量的增加而增加,但是当水量过大时,可能会引起氮肥随着水分挥发或者流失,反而不利于土壤养分的保持;对于速效钾与有效磷,土壤速效钾与有效磷含量在玉米追肥后有增加趋势,但是随着玉米的生长消耗,土壤速效钾与有效磷的含量降低,达到玉米追肥前的水平。对于土壤有机质,土壤表层的有机质含量相对较高,随着时间的推移,土壤有机质含量呈现先降低后增加的趋势;对于土壤pH,过量的施肥会导致土壤pH降低,碱性变弱。最终试验结果表明,大豆产量最大值为4区(W2N1F2),产量为2 811.88 kg/hm^2,说明当灌溉量为68.41 mm,追肥量为9.75 kg/hm^2,施肥方式为圆形喷灌机水肥一体化施肥模式时,大豆产量最高。这说明圆形喷灌机水肥一体化施肥模式可以显著提高大豆的产量,主要是由于这种施肥方式喷洒均匀度较高,可以使大豆追肥时整个区域较为均匀地获取养分。而大豆的土壤含水率在开花期至成熟期均呈现较大值;大豆的碱解氮含量为开花期>结荚期>鼓粒期;随着施肥量的增加,土壤速效钾、有效磷呈现增加趋势;施肥量过多会导致土壤的碱性减弱。对大豆生育期适时、适量灌水施肥,并采用合适的施肥方式,可以保证大豆的产量,对于东北地区大豆的重茬种植模式,适时追肥是一种补救措施,适时适当追肥,可以避免大豆减产。

(4)在 2019 年采取玉米-大豆两年轮作制,对玉米与大豆分别设置两因素三水平的试验设计,对于玉米,产量最大的为 2 区(F3N2),其值为 16 129.617 2 kg/hm²。其次为 8 区(F2N2),其值为 14 089.77 kg/hm²,说明最适合玉米的施肥方式为边施肥边淋洗的组合施肥模式,施肥量为中肥。2019 年轮作玉米与 2018 年重茬种植的玉米相比,最大值比 2018 年提高了 25.94%,各个处理的玉米产量平均值比 2018 年提高了 2.96%;对于大豆,产量最大值为 2 区(F2N2),其值为 3 855.89 kg/hm²,即圆形喷灌机水肥一体化,并在大豆分枝期与开花期分别追肥尿素 75 kg/hm²、45 kg/hm²,并且每次追肥尿素时同时施入磷酸二氢钾 3 kg/hm²。产量次高的为 3 区(F2N3),其值为 3 393.29 kg/hm²。产量最低的为 6 区(F3N1),其值为 2 013.89 kg/hm²。与 2018 年重茬种植的大豆相比,2019 年轮作大豆的最高产量比 2018 年提高了 28.63%,最小产量比 2018 年最小产量也提高了 14.13%,各个处理的产量的平均值比 2018 年各个处理的产量平均值提高了 12.8%,说明轮作大豆与重茬大豆相比,增产明显,相比较重茬种植的大豆,轮作大豆更有利于提高大豆的产量。

(5)当施氮量较小时,可以避免硝态氮的淋洗。边施肥边淋洗的组合施肥模式只要将施肥量控制在一定范围之内,可以避免氮素淋失的风险。较大的持续降雨量与较高的施肥量是造成土壤硝态氮淋溶到深层土壤的主要因素,喷灌条件下的不同水肥一体化施肥方式对土壤硝态氮的淋溶影响的差异不明显。

7.2　创新点

（1）阐明了喷灌冠层水分的再分配过程,提出了大豆冠层截留量预测方法。

（2）分析了三种水肥一体化模式下不同生育期的冠层截肥量,得出了可降低冠层截肥量、降低作物被灼伤风险的优化模式。

（3）探索了不同水肥一体化模式对田间水肥变异、作物生长的影响机制,为东北地区主要旱作物生长的水肥供给提供了技术支撑。

7.3　不足之处与展望

（1）喷灌通过降低作物冠层温度,对作物生长机制的影响有待进一步研究。

由于喷灌时将水滴喷洒在空气中,经过作物冠层,再降落到土壤,当环境温度高时,喷灌降低冠层温度可以预防干热风对作物的危害;但是当环境温度较低时,喷灌降低冠层温度是否会造成冻害;而当环境温度过低时,喷灌水滴降落到作物冠层凝结成小冰晶可以放出一部分热量,是否可以减轻冻害,这一问题有待研究。

（2）边施肥边淋洗的组合施肥模式对肥液蒸发漂移损失的抑制,对提高肥料利用率的影响有待进一步研究。

边施肥边淋洗的组合施肥模式在喷灌施肥的同时,在施肥的上方可以利用喷灌水对作物进行淋洗,这一模式降低了肥料的蒸发漂移损失,可以提高肥料的利用率,有待进一步研究。

（3）开展圆形喷灌机水肥药一体化,并针对喷灌机水肥一体化施肥模式进行经济评价与分析,充分发挥圆形喷灌机的综合利用效益。

改造后的圆形喷灌机可以将灌溉、施肥与打药相结合,实现"一机多用""一喷多防"的目的。而对圆形喷灌机的经济评价分析,可以增加农户对圆形喷灌机的认可度。

附 录

主要符号对照表

英文缩写	英文全称	中文名称
A	Average floor space per soybean plant	单株大豆的平均占地面积
A_J	Stem surface area	茎秆表面积
a	Empirical coefficient	经验系数
b	Soil coverage	土壤覆盖率
C_{UH}	Herman-hein uniformity of water distribution	赫尔曼-海因水量分布均匀系数
CON_2H_4	Carbon amide	碳酰胺
CPSM	Center pivot sprinkling machine	圆形喷灌机
CPSM-based mode	Center pivot sprinkling machine integrated water and fertilizer fertilization model	圆形喷灌机水肥一体化施肥模式
CPSM-MSS-based mode	Combined fertilizing mode with leaching while fertilizing	边施肥边淋洗的组合施肥模式
D	Stem diameter	茎秆直径
D_i	The distance of the i-th rain gauge from the center pivot	第 i 个雨量筒距中心支轴的距离
EC	Electrical conductivity	电导率
F1	Integrated water and fertilizer application mode of micro-spray system	微喷系统水肥一体化施肥模式

续表

英文缩写	英文全称	中文名称
F2	Center pivot sprinkling machine integrated water and fertilizer fertilization model	圆形喷灌机水肥一体化施肥模式
F3	Combined fertilizing mode with leaching while fertilizing	边施肥边淋洗的组合施肥模式
F	Quality of input fertilizer (fertilizer pure nutrient)	投入肥料(肥料纯养分)的质量
GMER	Geometric mean error ration	误差比 ε 的几何平均数
GSDER	Geometric standard deviation error ration	误差比 ε 的几何标准偏差
H_i	The i-th rain gauge collects the water depth	第 i 个雨量筒收集水深
H_J	Plant height	植株高度
$\overline{H}_w$	A weighted average of the water depth collected	所收集水深的加权平均值
I	Canopy interception	冠层截留量
I_i	Intercept the depth of the water	截留水深
I_{gross}	The total amount of irrigation	总灌溉量
I_i^p	Model simulation value	模型模拟值
I_i^m	Measured value	实测值
I	The mean of the measured values of the sample	样本实测值的均值
I_n	Net irrigation volume	净灌溉水量
IWP	Irrigation water productivity	灌溉水分生产率

续表

英文缩写	英文全称	中文名称
k	Percentage of running speed	行走速度百分数
$\bar{k}$	Correction factor	修正系数
KH_2PO_4	Potassium dihydrogen phosphate	磷酸二氢钾
LA	The total area of a single plant	单株植株的总面积
L_i	The maximum length of the i-th leaf	第 i 片叶的最大长度
LAI	Leaf area index	叶面积指数
ME	mean error	平均误差
MSS	micro-sprinkling system	微喷系统
MSS-based mode	Integrated water and fertilizer application mode of micro-spray system	微喷系统水肥一体化施肥模式
N1	Low level of fertilizer rate	低施肥量
N2	Medium level of fertilizer rate	中施肥量
N3	Higher level of fertilizer rate	高施肥量
P_s	Irrigation water depth above canopy	冠层上方灌溉水深
P_x	Irrigation water depth below canopy	冠层下方灌溉水深
PFP	Partial fertilizer productivity	肥料偏生产力
R	The radius of the rain gauge	雨量筒的半径
RMSE	root mean square error	均方根误差
R^2	R Square	决定系数
SC	Solute concentration	溶质浓度

续表

英文缩写	英文全称	中文名称
S_d	Stem flow	茎秆流量
var	The variance function	方差函数
V_s	The volume of stem flow	茎秆流量的体积
W_i	The maximum width of the i-th blade	第 i 片叶的最大宽度
W1	Low level of irrigation water	低灌水量
W2	Medium level of irrigation water	中灌水量
W3	Higher level of irrigation water	高灌水量
Y	Corresponding to the yield of fertilizer	对应施肥料的产量
$\bar{Y}$	Corresponding to the yield of irrigation water	对应灌溉水量的产量

参 考 文 献

[1] 蔡东玉,周丽丽,顾涛,等. 不同喷灌施氮频率下冬小麦产量和氮素利用研究[J]. 农业机械学报,2018,49(6):278-286.

[2] 高亚军,李生秀. 黄土高原地区农田水氮效应[J]. 植物营养与肥料学报,2003,9(1):14-18.

[3] 郭建平,栾青,王婧瑄,等. 玉米冠层对降水的截留模型构建[J]. 应用气象学报,2020,31(4):397-404.

[4] 李茂娜,王晓玉,杨小刚,等. 圆形喷灌机条件下水肥耦合对紫花苜蓿产量的影响[J]. 农业机械学报,2016,47(1):133-140.

[5] 李王成,黄修桥,龚时宏,等. 玉米冠层对喷灌水量空间分布的影响[J]. 农业工程学报,2003,19(3):59-62.

[6] 梁银丽,康绍忠. 坡地施肥水平对谷子根系生长和生产力的作用[J]. 干旱地区农业研究,1998,16(2):53-57.

[7] 刘海军,康跃虎,王庆改. 作物冠层对喷灌水分分布影响的研究进展[J]. 干旱地区农业研究,2007,25(2):137-142.

[8] 刘红杰,倪永静,任德超,等. 不同灌水次数和施氮量对冬小麦农艺性状及产量的影响[J]. 中国农学通报,2017,33(2):21-28.

[9] 刘艳丽,王全九,杨婷,等. 不同植物截留特征的比较研究[J]. 水土保持学报,2015,29(3):172-177.

[10] 罗慧,李伏生,韦彩会,等. 灌水方式对不同施肥水平烤烟产量和品质的影响[J]. 中国农业科学,2009,42(1):173-179.

[11] 吕殿青,刘军,李瑛,等. 旱地水肥交互效应与耦合模型研究[J]. 西北农业学报,1995,4(3):72-76.

[12] 吕刚,王磊,张卓,等. 辽西低山丘陵区不同年龄荆条冠层截留降雨模拟实验研究[J]. 生态学报,2019,39(17):6372-6380.

[13] 金宏智. SYP-400型水动圆形喷灌机[J]. 农业机械学报,1979(12):19.

[14] 康绍忠. 贯彻落实国家节水行动方案 推动农业适水发展与绿色高效节水[J]. 中国水利,2019(13):1-6.

[15] 兰才有,仪修堂,薛桂宁,等. 我国喷灌设备的研发现状及发展方向[J]. 排灌机械,2005,23(1):1-6.

[16] 郎景波,王俊,李铁男,等. 基丁节水增粮行动背景下的黑龙江省高效节水灌溉装备需求分析[J]. 排灌机械工程学报,2015,33(5):456-460.

[17] 李久生,饶敏杰,李蓓. 喷灌施肥灌溉均匀性对土壤硝态氮空间分布影响的田间试验研究[J]. 农业工程学报,2005,21(3):51-55.

[18] 李久生,王迪,栗岩峰. 现代灌溉水肥管理原理与应用[M]. 郑州:黄河水利出版社,2008.

[19] 马静,严海军,王春晖. 尾枪开闭对圆形喷灌机变量喷灌施肥均匀性的影响与改进[J]. 水利学报,2016,47(12):1577-1584.

[20] 穆兴民. 旱地作物生育对土壤水肥耦联的响应研究进展[J]. 生态农业研究,1999(1):3-5.

[21] 钱一超,侯永胜,席三忠,等. 影响电动圆形喷灌机灌水均匀度的因素及分析[J]. 节水灌溉,2010(4):20-22.

[22] 沈荣开,王康,张瑜芳,等. 水肥耦合条件下作物产量、水分利用和根系吸氮的试验研究[J]. 农业工程学报,2001,17(5):35-38.

[23] 孙文涛,张玉龙,王思林,等. 滴灌条件下水肥耦合对温室番茄产量效应的研究[J]. 土壤通报,2005(2):202-205.

[24] 孙宇,李茂娜,王云玲,等. 圆形喷灌机条件下变量灌溉对苏丹草产量与品质的影响[J]. 干旱地区农业研究,2020,38(4):32-38.

[25] 王迪,李久生,饶敏杰. 玉米冠层对喷灌水量再分配影响的田间试验研究[J]. 农业工程学报,2006,22(7):43-47.

[26] 王云玲,王晓玉,李茂娜,等. 喷灌条件下灌水量对建植初期紫花苜蓿产量与品质的影响[J]. 节水灌溉,2016(8):104-108.

[27] 徐海,王益权,刘军. 半干旱偏湿润地区旱地小麦土壤水肥耦合的时空变异特征[J]. 干旱地区农业研究,2009,27(2):184-188.

[28] 徐宁,杨一凡,林青涛,等. 大豆冠层对降雨再分配的影响[J]. 水土保持通报,2020,40(2):115-119.

[29] 薛彬,李雪,严海军. 圆形喷灌机条件下不同灌水施肥量对冬小麦产量的影响[J]. 节水灌溉,2016(8):33-37.

[30] 严海军. 基于变量技术的圆形和平移式喷灌机水量分布特性的研究[D]. 北京:中国农业大学,2005.

[31] 严海军,马静,王志鹏. 圆形喷灌机泵注式施肥装置设计与田间试验[J]. 农

业机械学报,2015,46(9):100-106.

[32] 姚静,邹志荣,杨猛,等. 日光温室水肥耦合对甜瓜产量影响研究初探[J]. 西北植物学报,2004,24(5):890-894.

[33] 尹晓爱,方乾,杨通杭,等. 模拟玉米茎秆流对土壤侵蚀的影响[J]. 水土保持学报,2020,34(3):67-72.

[34] 余长洪,李就好,陈凯,等. 甘蔗冠层对降雨再分配的影响[J]. 水土保持通报,2015,35(3):85-87.

[35] 翟丙年,李生秀. 冬小麦产量的水肥耦合模型[J]. 中国工程科学,2002,4(9):69-74.

[36] 张萌,赵伟霞,李久生,等. 圆形喷灌机施肥灌溉均匀性及蒸发漂移损失[J]. 排灌机械工程学报,2018,36(11):1125-1130.

[37] 赵伟霞,张萌,李久生,等. 喷头安装高度对圆形喷灌机灌水质量的影响[J]. 农业工程学报,2018,34(10):107-112.

[38] 赵伟霞,张萌,李久生,等. 尿素浓度对喷灌夏玉米生长和产量的影响[J]. 农业工程学报,2020,36(4):98-105.

[39] 周丽丽,薛彬,孟范玉,等. 喷灌定额和灌水频次对冬小麦产量及品质的影响分析[J]. 农业机械学报,2018,49(1):235-243.

[40] 周志宇,陶帅,莫锦秋. 圆形 PWM 变量喷灌机喷灌特性的仿真研究[J]. 农机化研究,2020,42(5):15-24.

[41] BANEDJSCHAFIE S, BASTANI S, WIDMOSER P, et al. Improvement of water use and N fertilizer efficiency by subsoil irrigation of winter wheat[J]. European Journal of Agronomy, 2008(28):1-7.

[42] BERGSTRöM L, BRINK N. Effects of differentiated applications of fertilizer N on leaching losses and distribution of inorganic N in the soil[J]. Plant Soil, 1986, 93(3):333-345.

[43] BRADEN H. Ein Energiehaushalts und Verdunstungsmodell für Wasser und Stoffhaus haltsuntersuchungen landwirtschaftlich genutzer Einzugsgebiete [J]. Journal of Agricultural Engineering,1985(44):97-102.

[44] CABELLO M J, CASTELLANOS M T, ROMOJARO F, et al. Yield and quality of melon grown under different irrigation and nitrogen rates [J]. Agricultural Water Management, 2009, 96(5):866-874.

[45] CHAUHDARY J N, BAKHSH A, ENGEL B A, et al. Improving corn production by adopting efficient fertigation practices: Experimental and modeling approach

[J]. Agricultural Water Management, 2019(221):449-461.

[46] DOKOOHAKI H, GHEYSARI M, MOUSAVI S F, et al. Coupling and testing a new soil water module in DSSAT CERES-Maize model for maize production under semi-arid condition[J]. Agricultural Water Management, 2016(163):90-99.

[47] FEDDES R A,P J. Simulation of field water use and crop yield[J]. Simulation Monographs. Pudoc, 1978, 45(1-2):194-209.

[48] GUO Y, YIN W, HU F, et al. Reduced irrigation and nitrogen coupled with no-tillage and plastic mulching increase wheat yield in maize-wheat rotation in an arid region[J]. Field Crops Research, 2019, 243:1-9.

[49] HANSON B R, WALLENDER W W. Bidirectional uniformity of water applied by continuous-move sprinkler machines [C]//Bidirectional uniformity of water applied by continuous-move sprinkler machines. Transactions of the ASAE, 1986, 29(4):1047-1053.

[50] HONGGUANG L, XINLIN H, JING L, et al. Effects of water-fertilizer coupling on root distribution and yield of Chinese Jujube trees in Xinjiang [J]. International Journal of Agricultural and Biological Engineering, 2017, 10(6): 103-114.

[51] JIAO J, SU D, HAN L, et al. A Rainfall Interception Model for Alfalfa Canopy under Simulated Sprinkler Irrigation[J]. Water, 2016, 8(12):585.

[52] KANG Y, WANG Q G, LIU H J. Winter wheat canopy interception and its influence factors under sprinkler irrigation[J]. Agricultural Water Management, 2005, 74(3):189-199.

[53] KAUR R, ARORA V. Deep tillage and residue mulch effects on productivity and water and nitrogen economy of spring maize in north-west India[J]. Agricultural Water Management, 2019, 213:724-731.

[54] LI J, RAO M. Sprinkler water distributions as affected by winter wheat canopy [J]. Irrigation science, 2000, 20(1):29-35.

[55] LIU CHENG, SUN BAO, CHENG TANG, et al. Simple nonlinear'model for the relationship between maize yield and cumulative water amount - Simple nonlinear' model for the relationship between maize yield and cumulative water amount[J]. Journal of Integrative Agriculture, 2017,16(4):858-866.

[56] MAUCH K J, DELGADO J A, BAUSCH W C, et al. New Weighing Method to Measure Shoot Water Interception [J]. Journal of Irrigation and Drainage

Engineering, 2008, 134(3):349-355.

[57] MERKLEY G P, SABILLON G N. Fertigation guidelines for furrow irrigation [J]. Spanish Journal of Agricultural Research, 2004, 2(4):576-587.

[58] OGOLA J B O, WHEELER T R, HARRIS P M. Effects of nitrogen and irrigation on water use of maize crops[J]. Field Crops Research, 2002, 78(2-3):105-117.

[59] RITCHIE J T. Model for predicting evaporation from a row crop with incomplete cover[J]. John Wiley & Sons, Ltd, 1972, 8(5).

[60] SKINNER R, HANSON J, BENJAMIN J. Root distribution following spatial separation of water and nitrogen supply in furrow irrigated corn[J]. Plant and Soil, 1998, 199(2):187-194.

[61] SPALDING R F, WATTS D G, SCHEPERS J S, et al. Controlling nitrate leaching inirrigated agriculture[J]. Journal of environmental quality, 2001, 30 (4):1184-1194.

[62] THOMPSON T, DOERGE T, GODIN R. Nitrogen and water interactions in subsurface drip-irrigated cauliflower: Ⅱ. Agronomic, economic, and environmental outcomes[J]. Soil Science Society of America Journal, 2000, 64 (1):412-418.

[63] VON HOYNINGEN-HÜNE J. Die Interception des Niederschlags in landwirts-chaftlichen Beständens[J]. 1983.

[64] WANG Q G. Method for measurement of canopy interception under sprinkler Irrigation[J]. Journal of Irrigation and Drainage Engineering, 2006, 132:185-187.

[65] YANG C, FRAGA H, IEPEREN W V, et al. Assessment of irrigated maize yield response to climate change scenarios in Portugal [J]. Agricultural Water Management, 2017(184):178-190.

[66] ZAND-PARSA S, SEPASKHAH A R, RONAGHI A. Development and evaluation of integrated water and nitrogen model for maize [J]. Agricultural Water Management, 2006, 81(3):227-256.

[67] ZHANG X, ZHAO J, YANG L, et al. Ridge-furrow mulching system regulates diurnal temperature amplitude and wetting-drying alternation behavior in soil to promote maize growth and water use in a semiarid region [J]. Field Crops Research, 2019(233):121-130.

[68] ZHANG X, ZHU A, XIN X, et al. Tillage and residue management for long-term wheat-maize cropping in the North China Plain: I. Crop yield and integrated soil fertility index[J]. Field Crops Research, 2018(221):157-165.

[69] ZHANG Y, WANG J, GONG S, et al. Straw mulching enhanced the photosynthetic capacity of field maize by increasing the leaf N use efficiencyx[J]. Agricultural Water Management, 2019(218):60-67.

[70] ZHANG Y, WANG S, WANG H, et al. Crop yield and soil properties of dryland winter wheat-spring maize rotation in response to 10-year fertilization and conservation tillage practices on the Loess Plateau[J]. Field Crops Research, 2018(225):170-179.

[71] 赵伟霞,李文生,杨汝苗,等. 田间试验评估圆形喷灌机变量灌溉系统水量分析特征[J]. 农业工程学报,2014,30(22):53-62.

[72] 张承林,邓兰生. 水肥一体化技术[M]. 北京:中国农业出版社,2012.

[73] 楚光红,章建新,高阳,等. 施氮量对滴灌超高产春玉米根系时空分布及产量的影响[J]. 干旱地区农业研究,2018,36(3):156-160.